JN098402

カリフラワーの一種、ロマネスコ。この驚くべき野菜は、つぼみの各部分が全体を縮小した形になっており、フラクタルに典型的に見られる見事な自己相似構造を持つ。

本書の翻訳原稿は森一氏に精読していただき、
貴重なご意見をいただきました。

フラクタル

混沌と秩序のあいだに生まれる美しい図形

オリヴァー・リントン 著　駒田 曜 訳

創元社

本書をソフィー・ウィルソンとスティーヴ・ファーバーに捧げる。ふたりはエイコーン・コンピューター社の優れた設計者で、BBC Micro（英国BBC放送のために製作され教育現場を中心に使用されたマイクロコンピューターと周辺機器のシリーズ）を生み出し、私たちにプログラミングの楽しさを教えてくれた。

本書の画像の生成に使われたプログラムの多くは、著者のウェブサイトwww.jolinton.co.ukに掲載されている。美麗な図形を生み出すアルゴリズムの性質とシンプルさを真に理解する最善の道は、コンピューターのプログラミングを学ぶことである。1980年代にはシンクレア・スペクトラムや伝説的なBBC Microのおかげで、誰もがこのカオスゲームを楽しんだり、自分で1行のマンデルブロ・プログラムを書いたりするチャンスを手にした。それらの機器は今もeBay（オークションサイト）で手頃な金額で入手できるし、テレビ画面に自分の書いた初のプログラムでマンデルブロ集合が徐々に形をなしていくのを眺めるほどスリリングなことはない。また、5ポンドを払ってシングルボードコンピューターのRaspberry Piを買い、TinyBASICのような単純なプログラミング言語やもう少し複雑なPythonを使う手もある。

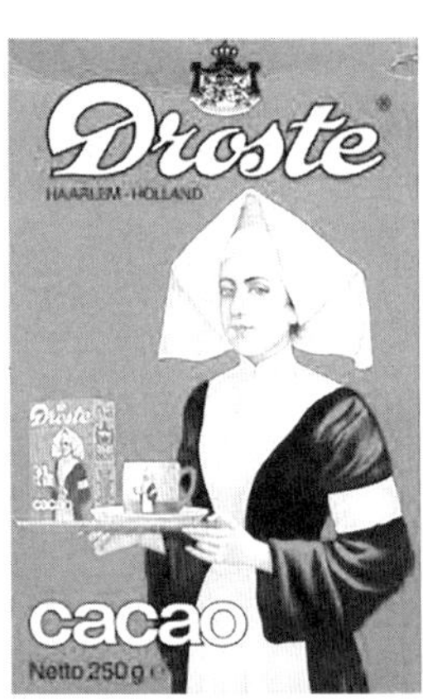

扉ページと上：ドロステ効果（絵の中にその絵自体を入れることで再帰的な画像を作り出す手法）の例。オランダのドロステ・ココアの缶に、ドロステ・ココアの缶が乗った盆を持つ尼僧が描かれ、絵の中の缶にはやはり缶が乗った盆を持つ尼僧が描かれ……と反復していたことに由来する命名である。左の図は紙箱のドロステ・ココア、右はベーキングパウダーの缶。

もくじ

はじめに……1
自然界のフラクタル……2
コッホ雪片……4
ハウスドルフ次元……6
Lシステム……8
平面を充填する曲線……10
カーペットとスポンジ……12
フォードの円……14
カオスゲーム……16
反復関数……18
バーンズリーのシダ……20
非線型変換を含むフラクタル……22
ロジスティック写像……24
アトラクターとリペラー……26
窓——カオスの中の安定した領域……28
現実世界のカオス……30
太陽系の中のカオス……32
ジュリア集合……34
エスケープタイムアルゴリズム……36
ジュリアからマンデルブロへ……38
マンデルブロ写像……40
ズームイン……42
「こぶ」のラベリング……44
軸索とシナプス……46
反復写像の軌道……48
ファレイの魔法ふたたび……50
アンテナ……52
秩序とカオス……54
ニュートン・ラフソン・フラクタル……56
付録——フラクタルの数学……58

イランのイスファハーンにあるシェイフ・ロトフォッラー・モスクのドーム内側の装飾。自然界に見られるフラクタルを写し取るべく、反復と拡大縮小というフラクタル技法を使っている。

はじめに

雲は球形ではなく、山は円錐形ではなく、海岸線は円形ではなく、樹皮は滑らかではないし、稲妻も一直線には進まない。

ブノワ・マンデルブロ『フラクタル幾何学』(1982)

数学者、哲学者たちは2000年にわたって、ユークリッド幾何学が前提とする「われわれをとりまくこの世界のあらゆるものは、球と円錐と滑らかな平面と直線によって作られている」という厳格さに目をくらまされてきた。彼らは必ずしも間違っていたわけではない。原子を球形のモデルで考えたり、顔を多面体として捉えたり、ハリケーンの風を直線や円形とみなしたりして学べることは多い。

その理由は、数学的な経済性だ。球は1つの数(半径)で表せるし、三角形は3つの数(3辺の長さ)で表せる。ハリケーンも大体のところは2つの数——特徴的な直径における回転速度——だけで表すことができる。

しかし、雲や海岸線を詳しく表そうとすると何百万もの数が必要になる。そうすることに何の意味があるだろう？　数を全部書き終える頃には、元の雲はとっくに消えてしまっている。ただ、海岸線は雲よりずっと長く同じ状態だし、雲より重要でもある。衛星ナビゲーション装置に地図を表示するのにどれだけの数が必要か考えたことがあるだろうか？　答えは文字通り数十億だ。

1982年、ポーランド生まれでアメリカ在住のブノワ・マンデルブロという優れた数学者が、雲や海岸線と似た複雑な構造を——少なくとも場合によっては——球や直線と同じくらい容易に表すことが可能だと世界に示してみせた。フラクタル幾何学の誕生である。本書は、数学における(そしてその後は芸術にも波及した)この革命について説明しようとする試みである。

自然界のフラクタル

小さなノミにはもっと小さなノミが付く

　樹木とは何かを、どう説明できるだろう？　あまり詩的ではないが、棒の先にそれより小さい棒が2本以上出ているものだというのがひとつの方法だ。木が持つべき枝の本数と枝分かれの角度を決めてやると、コンピューターに本物っぽい木（左下）を描かせるには十分な程度に正確な指示になる。同様にオウムガイの殻は、小さいオウムガイの殻に新しい“小部屋”を付け足していくというふうに説明できるだろう（右ページ左下）。どちらの場合も、全体はそれより一回り小さい部分によって定義される。

　なぜ、自然界のかくも多くの構造がフラクタルなのだろう？　ひとつには、フラクタルがしばしば比較的単純なルールの反復適用で自発的に生成するからだ（右ページ右上の河川デルタを参照）。自然はまた、効率面の理由でもフラクタルを使う（下の葉脈のパターンを参照）。というのも、フラクタル構造は、樹木による日光の吸収から肺における血液への酸素供給まで、機能を最も効率化できることがよくあるのだ。

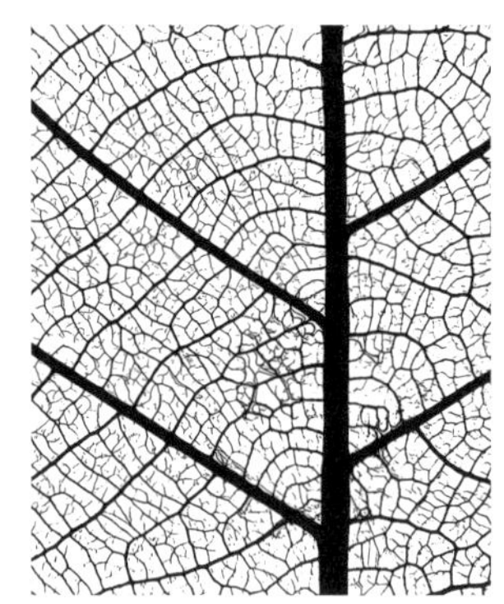

100%コンピューターで作ったフラクタルな風景。現代では映像制作でよく使われる。

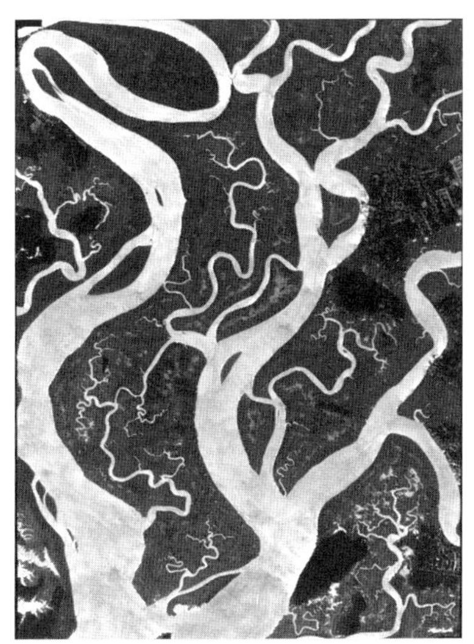

木の構造と同様に、この河川デルタの水路もフラクタルを形成している。

左ページ：木や葉脈は、部分と全体の間に、フラクタルに典型的な自己相似性が見られる。
上：対数らせんはどのスケールでも自己相似である。例えばオウムガイの殻(左)や渦巻き状のシダの新芽(右)。

コッホ雪片

最初のフラクタル

フラクタルの最大の特徴は、どれだけ拡大してもどんどん細かい構造が現れることだ。カリフラワーや海岸線といった自然が作るフラクタルでは、拡大した領域の細部はそれぞれ異なっているが、数学的フラクタルは自己相似的である。いわば、拡大した細部が全体とまったく同じなのだ。こうした自己相似フラクタルの最初の例は1904年にスウェーデンの数学者ヘルゲ・フォン・コッホが発表したコッホ曲線で、とても簡単に作ることができる。

1本の線分を引く（下図の***1***）。次に真ん中の3分の1を正三角形から底辺を除いた“テント”にして（同**2**）、長さの等しい4本の線分にする。同じ操作を4本の線分すべてで再度行うと第2段階ができる（同**3**）。さらに同じ操作を繰り返す（同***4***）。

これを無限回（！）繰り返すと、コッホ曲線ができる。3本のコッホ曲線を、三角形をなすようにつなげると、コッホ雪片になる（右ページ上）。驚くべきことに、コッホ雪片の周の長さは無限大だが、それが囲む部分の面積は有限である。

1.

2.

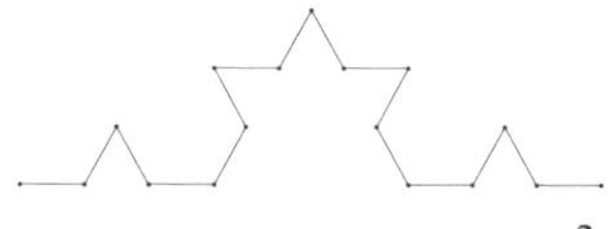

3.

4.

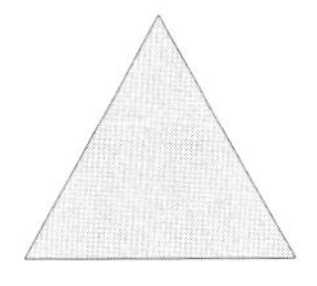

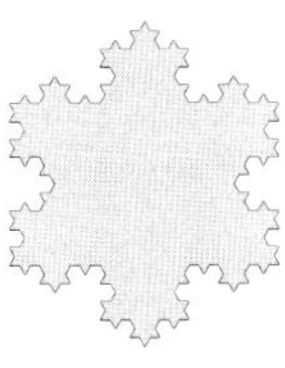

コッホ雪片を作る最初の4段階。どの段階でも周の長さの増加量は同じなので、無限回操作すると周の長さは無限大になる。しかし、図形の内部の面積は有限で（でなければこのページに収まらない）、最初の三角形よりも正確に60%大きい。

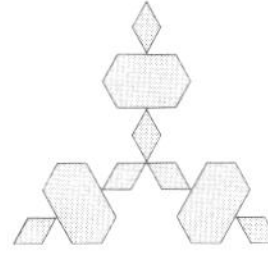

逆コッホ雪片（内側に伸びていくコッホ雪片）を作る最初の4段階。上の図のコッホ雪片の内向的な兄弟と言える。これはまた、コッホ雪片を隣り合うように並べた時に隙間に残る図形でもある。上図の雪片の場合と同様に、無限に操作を繰り返すと周の長さは無限大になるが、面積は元の三角形の40%である。

i.

ii.

iii.

i. コッホ雪片は自己相似なので、驚くべきことに、大きな雪片（白）はその$\frac{1}{\sqrt{3}}$サイズの雪片（黒）とかみ合っている。***ii.*** どんどん小さくなっていく雪片で平面を覆い尽くすこともできる。***iii.*** 雪片（黒）と逆雪片（白）で平面が充填されている様子。

ハウスドルフ次元

海岸線の長さはどれだけか?

私たちは3次元の世界に生きているが、机の表面は2次元で、線は（たとえ曲がっていても）1次元である。

ある図形が何次元かを知るためのひとつの方法は、その図形上の任意の1点を表すのにいくつの数が必要かを数えることだ。例えば、友人に「パブはこの道を2.5マイル行った所にある」と言う時、あなたはその道が1次元だという意味を込めている。衛星ナビゲーションは位置を示すのに緯度と経度という2つの数を必要とするので、その場合の地球の表面は2次元である。

ではコッホ曲線はどうだろう？線のように見えるので1次元図形のはずだ。ところが、上で述べた方法は使えない。コッホ曲線は無限の長さを持ち、線上のすべての点は出発点から無限に遠い位置にあるからだ！

どうすればもっとうまく何次元かを数えられるだろう？　立方体は、寸法を2倍にするには同じ立方体8個が必要で、8は2^3（2×2×2）なので、3次元だと言える。1辺の長さが5倍の正方形を作るには元の正方形が25個必要で、25は5^2だ。ある線分の長さを7倍にするには、最初の線分が7本要る。そして7は言うまでもなく7^1だ。ここには明白なパターンがある。ある図形の大きさをm倍するために元の図形がl個必要な時、その図形の次元数をdとすると、$l=m^d$となる。

コッホ曲線は、線分4本で構成される。コッホ曲線が4つつながったものは、もとの曲線の3倍の長さになっている。上述の文字で表すと$l=3$, $m=4$なので、$3^d=4$になるようなdが、求める次元数である。この場合のdは約1.262で、コッホ曲線のハウスドルフ次元として知られている（58ページの付録を参照）。この数字は1より大きく2より小さい。つまり、コッホ曲線は線よりも次元が大きく面よりも次元が小さい！

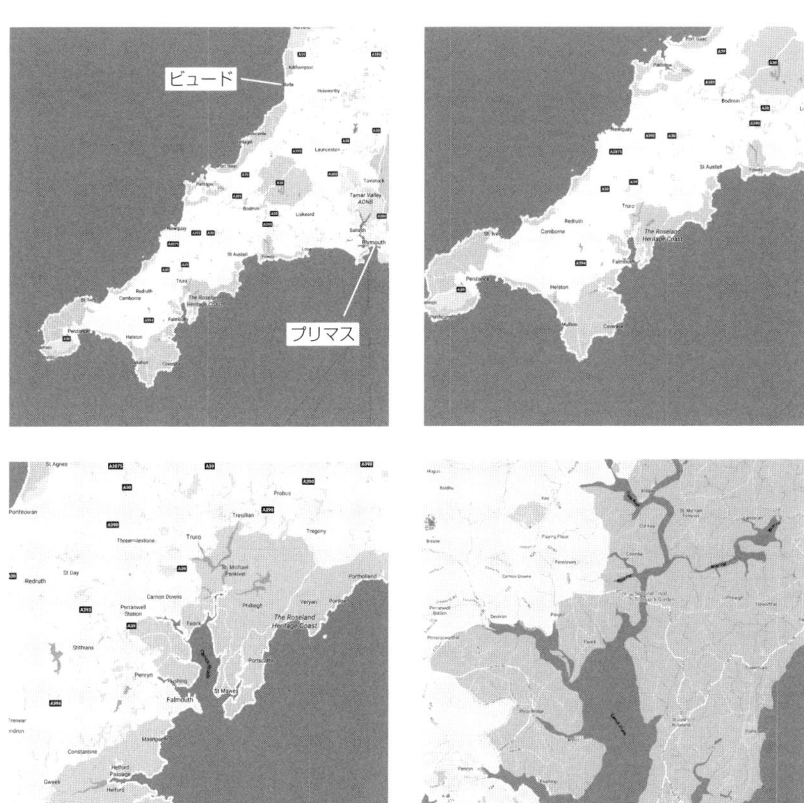

英国コーンウォールの海岸線はフラクタルであることが知られている。では、その長さはどれだけあるのだろう？　地図を取り出し、製図用コンパスを5マイルの縮尺目盛りに合わせてから測ると、プリマスからビュードまではコンパスの移動が35回で、約175マイルだ。しかしコンパスの開きを1マイルにすると、コンパスは小さな湾や河口にも入り込み、測定値は約210マイルになる。最初に測った時に5マイルだった場所が6マイルになった計算だ。従って、コーンウォールのハウスドルフ次元はおよそ1.11になる（$\frac{\log(6)}{\log(5)} \fallingdotseq 1.11$なので、$5^{1.11} \fallingdotseq 6$）。プリマスとビュードを結ぶサウスウェスト・コースト・パス（海岸沿いの遊歩道）の“公式の”距離は290マイルだが、これは人が歩く時の長さだ。同じ道を蟻が歩いたら、目の前に石があるたびに迂回するため、距離ははるかに長くなるだろう。

Lシステム

前進、右折、次いで左折

コッホ曲線（4ページ）は、簡単な式で定義できる。1ステップ前進（A）、左に60°回転（+）、1ステップ前進（A）、右に60°回転（−）、もう一度右に60°回転（−）、1ステップ前進（A）、左に60°回転（+）、1ステップ前進（A）である。これは「A＋A−−A＋A：60°」という短い文字列にコード化できる。複雑さを1段階上げるには、この式の中の「A」を、式全体で置換すればよい。つまり次のようになる。

A → (A+A−−A+A) → (A+A−−A+A)+(A+A−−A+A)−−(A+A−−A+A)+(A+A−−A+A) → …

このような式は、このアルゴリズムを1960年代に考案したハンガリーの生物学者アリスティッド・リンデンマイヤーにちなんで、Lシステムと呼ばれる。レヴィC曲線（下図）は「＋A−−A＋：45°」で作られる。より複雑なLシステムは、複数の式（A, B, C …などと呼ぶ）を使う（右ページ参照）。

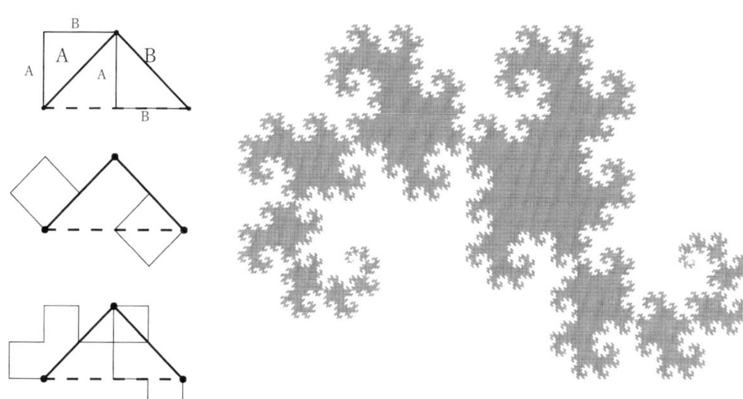

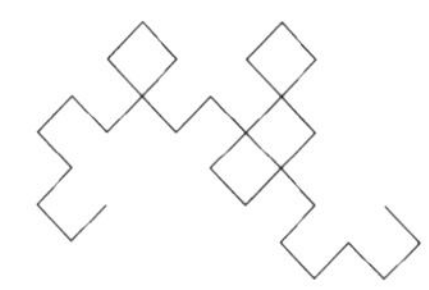

ドラゴン曲線は面白い性質を持っている。1本の帯状の紙を半分に折り、それをまた半分に折ってからすべての折り目を90度だけ開いて帯の縁を見ると、左の一番上の図の細い実線の形になる。半分に折る回数が増えるたびに、順にその下の図形になる。この曲線を2つ合わせると$\sqrt{2}$倍大きい同じ曲線になるため、ハウスドルフ次元は$\frac{\log(2)}{\log(\sqrt{2})}=2$である。

ドラゴン曲線：A → A − B　B → A + B　角度90°

ポール・ボークがLシステムで描いた灌木、藻、雑草。左から2番目の画像は21個の式が必要だが、右端の雑草は3つの式だけで作れる。これらをはじめとするいろいろな図形のための式が、http://paulbourke.net/fractals で紹介されている。

平面を充塡する曲線

どこまで密度を高くできる?

ありえなさそうに思えるだろうが、平面の一定の領域にあるすべての点を通るように1本の線を描くことは可能だ。下図のフラクタル（チェザーロ曲線）は、第1段階が長さの等しい4本の直線で構成されている点でコッホ曲線と密接に関係しているが、三角形の頂点の角度は60°ではなく、0°に近い。

頂点の角度をもっと小さくしてさらに何段階も操作を繰り返すと、いずれは右下図のように三角形の空間全体が完全に充塡される。

右ページは、ペアノ＝ゴスパー曲線という美しい空間充塡曲線で、7本の線分からなるユニット〔右ページ左上の図形の、水平の点線以外の部分。上の長い部分は2本の線分で構成されている〕で構成され、AとBの2つの定義を使う。

A → A＋B＋＋B－A－－AA－B＋
B → －A＋BB＋＋B＋A－－A－B：角度60°

ペアノ曲線は、7本の線分からなる形の基線〔水平の点線〕が正確に線分1本の$\sqrt{7}$倍の長さになるよう、巧妙に設計されている（底辺が$2\frac{1}{2}$、高さが$\sqrt{\frac{3}{2}}$の直角三角形の斜辺は$\sqrt{7}$）。ドラゴン曲線と同様に、この図形のハウスドルフ次元は$\frac{\log(7)}{\log(\sqrt{7})}=2$である。あらゆる空間充塡曲線は、ハウスドルフ次元が2である（しかし、ハウスドルフ次元が2の曲線がすべて空間を充塡するわけではない）。

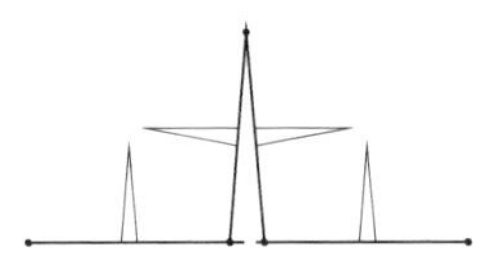

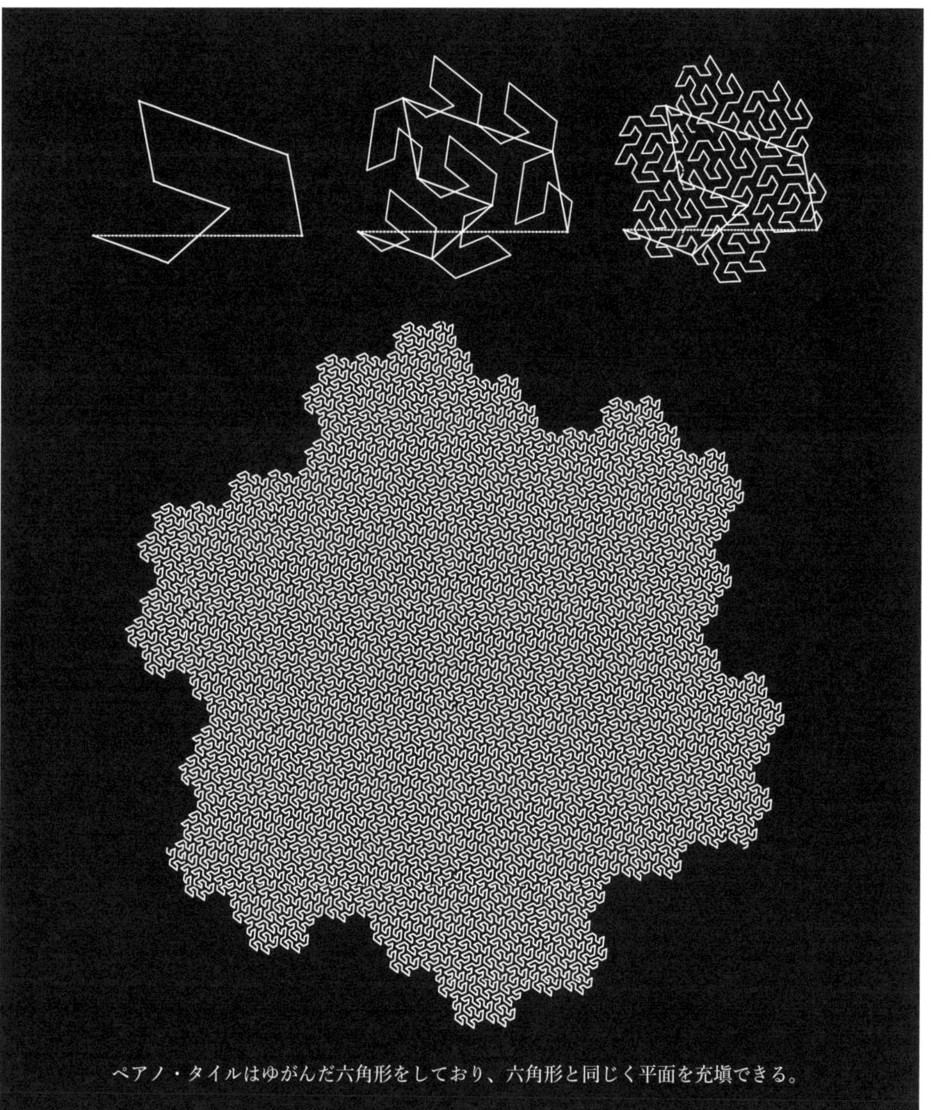

ペアノ・タイルはゆがんだ六角形をしており、六角形と同じく平面を充填できる。

カーペットとスポンジ

穴をあけ続けると——

フラクタルの作り方はいろいろあり、これから紹介する方法もそのひとつだ。出発点は、中が埋まった正方形。それを同じ大きさの9個の小さい正方形に分割し、中央の正方形を取り除く。残りの8個の小正方形に同じ操作を行う。これを何度も反復する。最後には穴だらけのカーペット——シェルピンスキーのカーペット——ができあがる（左下）。これには本物のカーペットよりお得な点がひとつある。縦横の長さが3倍の“穴あきカーペット”を買うと、値段〔つまり面積〕は（9倍ではなく）8倍で済むのだ。すなわち、ハウスドルフ次元は $\frac{\log 8}{\log 3} \fallingdotseq 1.89$ である。

他にも、正方形を取り除くことで簡単に生成できる面白いバリエーションがある。一例がヴィチェクのカーペット（右下）で、9個の正方形のうち四隅の4個を取り去って作る。このカーペットを5つ合わせると3倍の大きさのものができるので、ハウスドルフ次元は $\frac{\log 5}{\log 3} \fallingdotseq 1.46$ である。

出発点を三角形や六角形や立体にすることも可能だ。右ページに載せたのは、シェルピンスキーの三角形、シェルピンスキーのドイリー、メンガーのスポンジである。

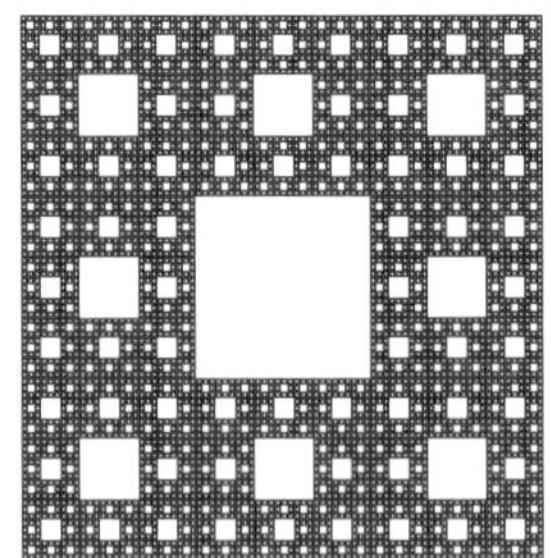

左上：シェルピンスキーの三角形。3個合わせると2倍の幅の三角形になるため、ハウスドルフ次元（HD）$=\frac{\log 3}{\log 2}\fallingdotseq 1.58$
右上：シェルピンスキーのドイリー。6個集まると3倍の幅の図形になるため、HD $=\frac{\log 6}{\log 3}\fallingdotseq 1.63$
下：メンガーのスポンジ。20個で各辺の長さが3倍の立方体になるため、HD $=\frac{\log 20}{\log 3}\fallingdotseq 2.73$

フォードの円

そこに隠されたファレイ和

円を使って作られる魅力的なフラクタルパターンもある。直線上に、等しい半径の円を2個、互いに接するように置く（下図の$\frac{0}{1}$と$\frac{1}{1}$）。次に、その下の隙間に接する円を描く（同$\frac{1}{2}$）と、その中心は下の直線の中心の真上に位置し、半径は大きい円の$\frac{1}{4}$である。今度はその円の両側の隙間に新たに2個の円を描く（$\frac{1}{3}$と$\frac{2}{3}$）。この2個の円の中心は直線の$\frac{1}{3}$と$\frac{2}{3}$の位置の真上にあり、半径は最初の円の$\frac{1}{9}$だ。次の2つの円は直線の$\frac{1}{4}$と$\frac{3}{4}$の位置に中心があり、半径は$\frac{1}{16}$になっている。すべての既約分数$\frac{p}{q}$はそれと結びつく半径$\frac{p}{q^2}$のフォードの円を持ち、上部の2つの円に接する！

しかしこの円の集まりには、さらに驚くべき事実が隠れている。分母が7の分数を見るとよくわかるが、どの分数もすぐ上の2つの分数の“和”になっている。ただしそれは算術的な分数の和ではなく、分母同士と分子同士を足す「ファレイ和」と呼ばれるものだ。例えば、ファレイ和では$\frac{1}{2}\oplus\frac{2}{3}=\frac{3}{5}$となる。

魅力的なこのファレイ数列には、マンデルブロ写像の話（50ページ）で再び出会うことになる。

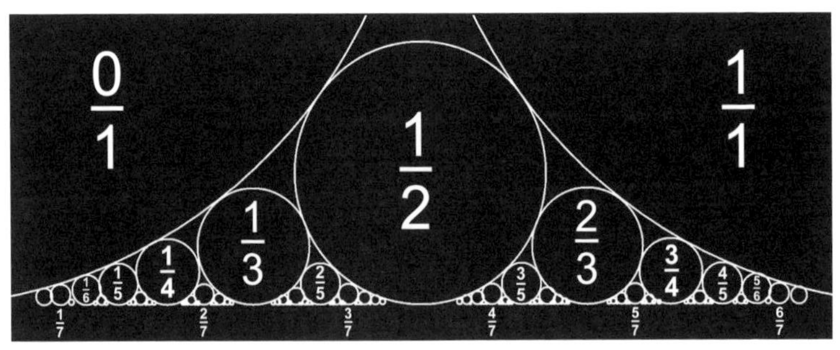

「アポロニウスのギャスケット」と呼ばれる図形の例。これらは、大きな円の内部に互いに接する円を2個描き、残った部分も同様に円で埋めていくことで生成する。一番上の図のギャスケットは、すべての円が整数の曲率を持っている点が特別である（円の曲率は、半径の逆数）。互いに接する4つの任意の円の曲率a, b, c, dの間の関係は、次の公式の通りである。$a^2 + b^2 + c^2 + d^2 = 2(ab + ac + ad + bc + bd + cd)$

カオスゲーム

それほどランダムではないフラクタル

フラクタルを生成させるには、全く別の方法もある。広場に3本の旗を立て、それぞれをA、B、Cとする。出発点は、旗で囲まれた三角形の中ならどこでも構わない。サイコロを振り、1か2が出たら現在地とAの中間点よりほんの少し先に移動し、3か4ならB、5か6ならCに向かって同様に移動し、そこに小石を置く。これを無限回（は無理でも、疲れて飽きるまで）繰り返す。コンピューターを使えばずっと楽だ。下図は、旗までの距離の55%進むことを1万回ほど反復した時に広場にできる図形である。

このパターンの驚くべき点は、どこから出発しても石は必ず三角形を描くように置かれてしまうことで、実はこれはシェルピンスキーの三角形になっている。これは「アトラクター」――決して終わらないサイクルをなす点のパターン――の、本書では最初の例である。

旗の本数をいろいろ変え、いくつかの制限（2度続けて同じ旗に向かわない、特定の場所には立ち入らない等）を設けてこのゲームをすると、面白いフラクタルがたくさんできる（右ページの例を参照）。

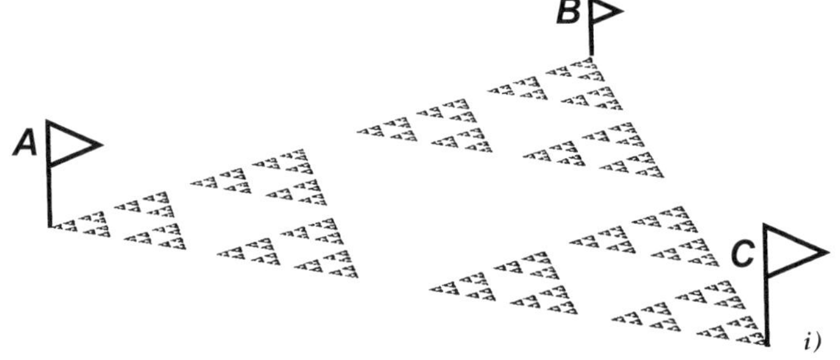

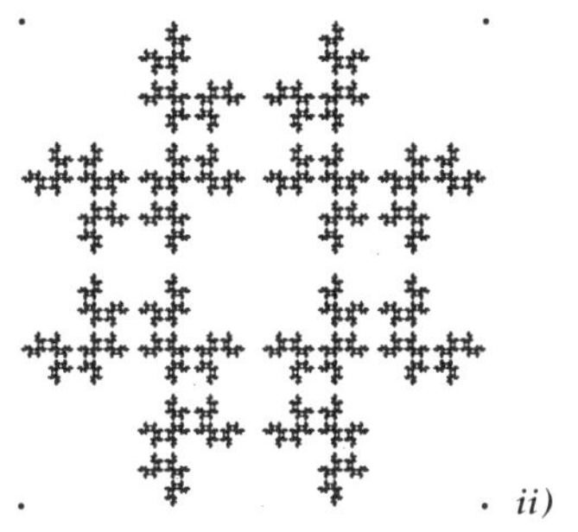

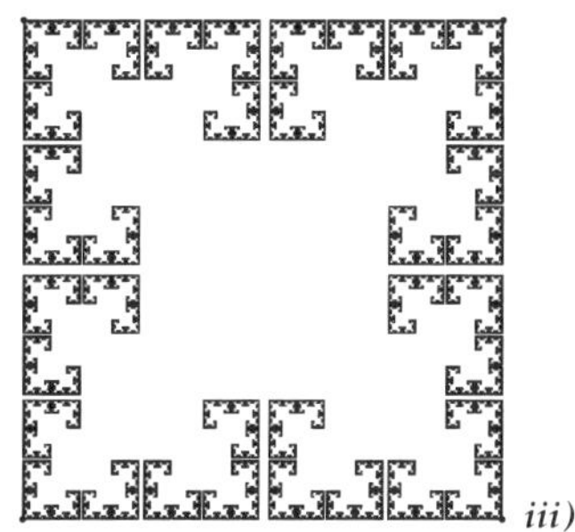

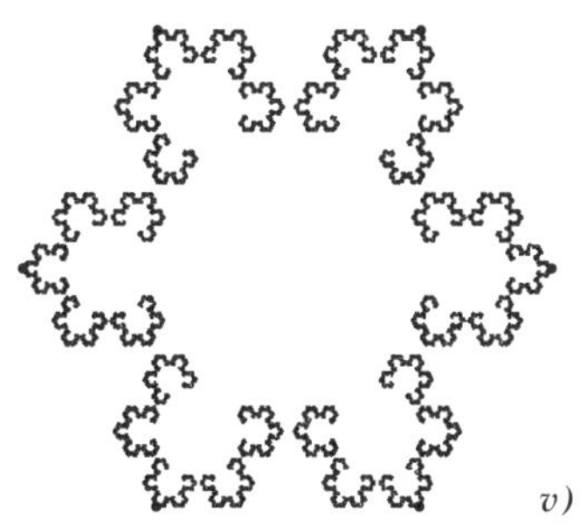

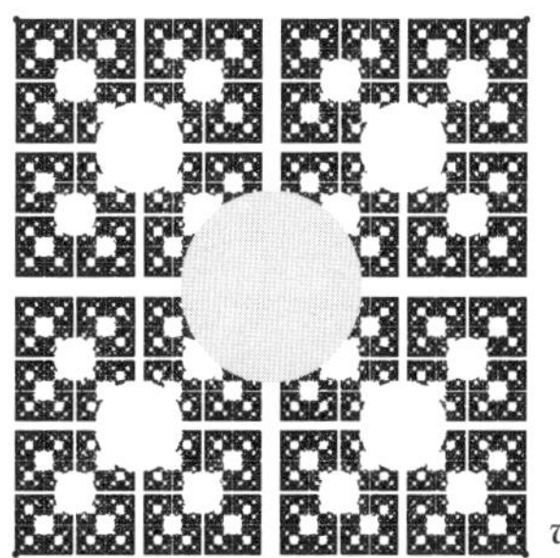

アトラクターの例。それぞれ、次のようなルールで作られた。

i) 旗3本、制限ルールなし、55%移動

ii) 旗4本、同じ旗に向かって2回連続での移動禁止、51%

iii) 旗4本、前の旗の対角線上の旗への移動禁止、51%

iv) 旗6本、同じ旗に向かって2回連続での移動禁止、65%

v) 旗6本、前の旗の真向かいの旗への移動禁止、68%

vi) 旗4本、中央の灰色の円内は入らない（入ってしまう場合は別の旗を選び直す）、51%

反復関数

変換によるフラクタル

16ページで説明したカオスゲームは、反復関数系（IFS）のシンプルな例だ。IFSでは、点の動きは、任意の点 (x, y) の移動先を算出できる数学的変換2つ以上によって定義される。単純な系ではこれらの変換は線型になり、従って平面は平行移動、回転、拡大縮小、せん断される。線型変換は、xとyのそれぞれに関する2つの線型方程式で構成される。

$$x \rightarrow ax + by + e$$

$$y \rightarrow cx + dy + f$$

変換をわかりやすく示すひとつの方法は、単位正方形または長方形に何が起こるかを見ることだ。単一の変換を繰り返すと、点AはB, C, D, E… へ移動する（右図）。コッホ曲線の場合は変換を4つ必要とする。変換はどれも最初のコッホ曲線を含む長方形部分の大きさを3分の1に縮小したうえで、2つの変換はそれを底辺の左と右に配置し、残りの2つは左右に60°回転して中央部の上に置く（右ページの上から2番目）。

IFSフラクタルを作るには、任意の点 (x, y) から出発し、利用できる変換をランダムに選んで（どれでもよい）適用し、それを何度も繰り返す。すると、やがて点はフラクタルに閉じ込められる。

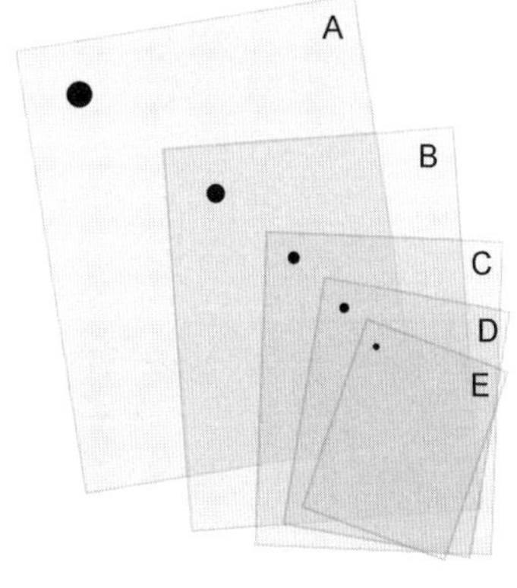

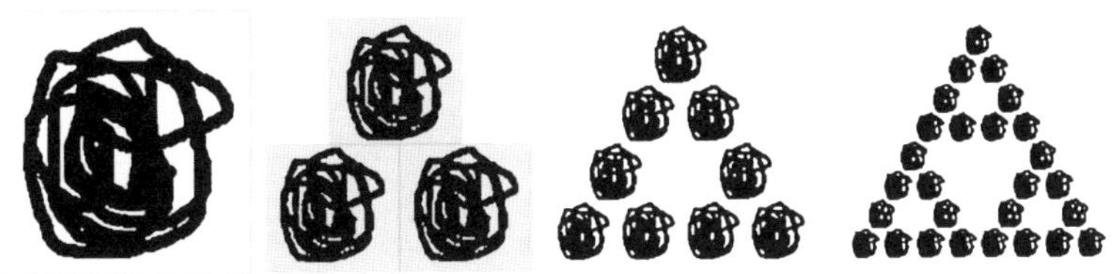

「縮小し3つに増やす」操作の反復で、どんな図形もシェルピンスキーの三角形 (p.12) にできる。

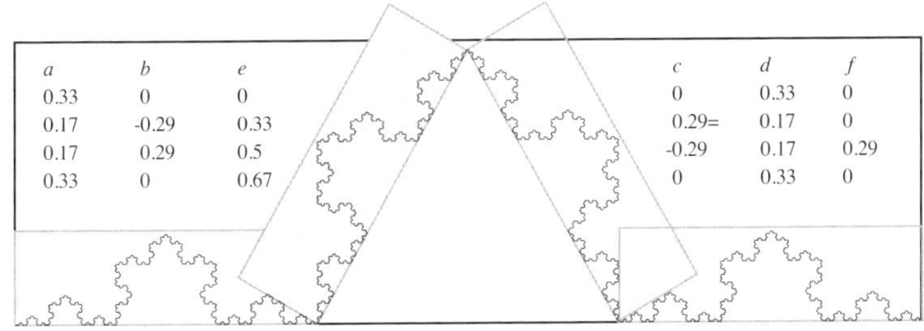

a	*b*	*e*	*c*	*d*	*f*
0.33	0	0	0	0.33	0
0.17	-0.29	0.33	0.29=	0.17	0
0.17	0.29	0.5	-0.29	0.17	0.29
0.33	0	0.67	0	0.33	0

4つの反復変換 (縮小し、4個を配置し直す) によって、どんな図形もコッホ曲線 (p.4) にできる。

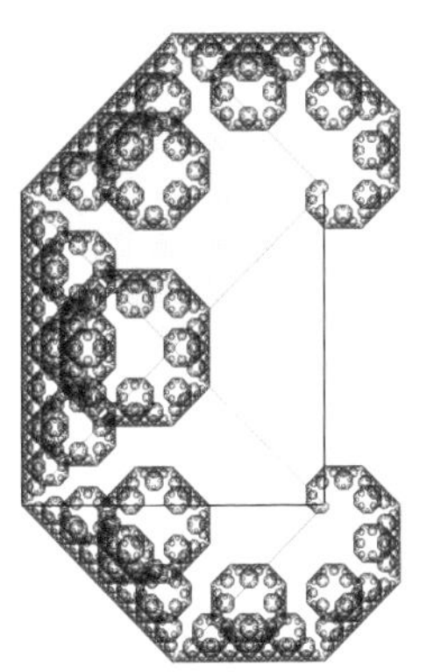

2つの変換により、IFSバージョンのレヴィC曲線 (p.8) ができる。

2つの変換によって雪片ができる。1. 左に60°回転。2. 縮小し移動。

バーンズリーのシダ

フラクタルな形と機能

マイケル・バーンズリーは1988年に、いかなる形も線型変換の集合で表せることを示す定理を発見した。それがどのような変換の集合かを見つけるには、図形の縮小コピーをコラージュして、もとの大きな図形を完全に覆ってみればよい。下図のカエデの葉や木のように、もとの図形の自己相似性が高いほど必要な変換は少なくて済む。

シダは3通りの自己相似性を持つ。まず、葉全体から一番下の2枚の羽片（軸から横に出ている葉）を取り除いても、葉全体とそっくりの形になる。次に、一番左下の羽片は葉全体とそっくりである。最後に、一番右下の羽片は、軸のカーブが逆向きな点以外は葉全体とそっくりである。右ページのシダを描くには、4つの変換を使う必要がある。1. 軸を描く。2. フレームをわずかに縮小し、右に傾ける。3. フレームを大幅に縮小し、左回転。4. フレームを大幅に縮小し、反転させ、右回転（右ページの***f1***～***f4***を参照）。下図のうち左のカエデの葉のフラクタルもそれとよく似た方法で生成するが、右のIFSの木はもっと複雑な変換が6つ必要である。

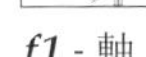

f1 - 軸

f2 - 2段目から上の羽片

f3 & f4 - 最下部左右の一番大きい羽片

	a	*b*	*e*	*c*	*d*	*f*
f1	0	0	0	0	0.16	0
f2	0.85	0.04	0	-0.04	0.85	1.6
f3	0.20	-0.26	0	0.23	0.22	1.6
f4	-0.15	0.28	0	0.26	0.24	0.44

上：バーンズリーのシダを描くには4つの変換が必要で、それぞれ6つの変数で定義される（左ページ参照）。

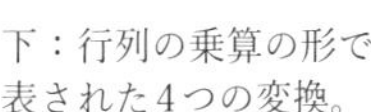

下：行列の乗算の形で表された4つの変換。

$$f_1(x,y) = \begin{bmatrix} 0.00 & 0.00 \\ 0.00 & 0.16 \end{bmatrix} \begin{bmatrix} x \\ y \end{bmatrix} + \begin{bmatrix} 0.00 \\ 0.00 \end{bmatrix}$$

$$f_2(x,y) = \begin{bmatrix} 0.85 & 0.04 \\ -0.04 & 0.85 \end{bmatrix} \begin{bmatrix} x \\ y \end{bmatrix} + \begin{bmatrix} 0.00 \\ 1.60 \end{bmatrix}$$

$$f_3(x,y) = \begin{bmatrix} 0.20 & -0.26 \\ 0.23 & 0.22 \end{bmatrix} \begin{bmatrix} x \\ y \end{bmatrix} + \begin{bmatrix} 0.00 \\ 1.60 \end{bmatrix}$$

$$f_4(x,y) = \begin{bmatrix} -0.15 & 0.28 \\ 0.26 & 0.24 \end{bmatrix} \begin{bmatrix} x \\ y \end{bmatrix} + \begin{bmatrix} 0.00 \\ 0.44 \end{bmatrix}$$

非線型変換を含むフラクタル

なんとも奇妙な、ストレンジアトラクター

ここまでは、線型変換（平面の平行移動、回転、拡大縮小、せん断）で何ができるかを見てきた。そうした変換は、定数およびxとyの項だけを持つ単純な線型方程式（1次方程式）で定義される。ところが、式にx^2やx^yや$\sin x$といった項を含めると、ありとあらゆる奇妙で目を見張るようなものごとが起こる。

1970年代にフランスの数学者ミシェル・エノンが発見したものが、最も早い時期の一例だ。関与する非線型方程式は1つだけだが、そのアトラクター（下図）はとても奇妙だ。原点にかなり近い場所から出発すると、点(x, y)の集合はすぐに大きく曲がった線によく似た形になる。ただ、その言い方は語弊がある。まず、点(x, y)は最初からその線の上に現れるわけではなく、初めは一見ランダムにあちこちに跳び、数千回反復した後にようやく曲線ができあがる。次に、線のように見える部分を拡大すると、1本の線ではなく何百本もの線が密集していることがわかる。実は、これはフラクタルなのだ。

他にも、驚くべき結果を生み出す式がいろいろある（右ページ参照）。

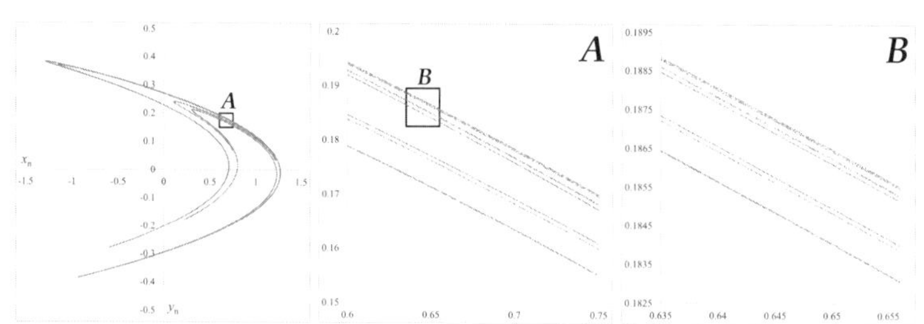

エノンのアトラクター：　$x \to 1 + y - 1.4\,x^2 \quad y \to 0.3\,x$

ダフィング・アトラクター：
$x \rightarrow 2.75x - 0.2y - x^3$
$y \rightarrow x$

ティンカーベル：
$x \rightarrow (x^2 - y^2) + 0.9x - 0.6y$
$y \rightarrow 2xy + 2x + 0.5y$

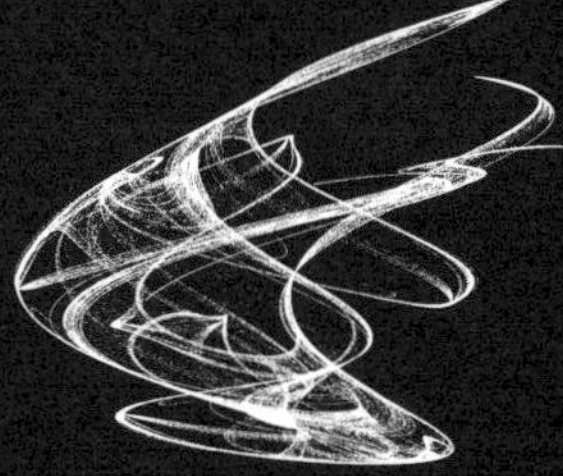

デ・ヨング・アトラクター：
$x \rightarrow \sin(2y) - \cos(2.5x)$
$y \rightarrow \sin(x) - \cos(y)$

リントンの幽霊：
$x \rightarrow \sin(1.2y)$
$y \rightarrow -x - \cos(2y)$

古典的なバリー・マーティンのアトラクター：
$x \rightarrow y - \mathrm{sgn}(x) \times \sqrt{|(4x - 0.5)|}$
$y \rightarrow 1 - x$

ロジスティック写像

単純な線型方程式から生まれるカオス

テントウムシを1匹も見かけない年もあれば、翌年は何百匹も目にすることがあるのはなぜだろう？　時折起こるイナゴの群れの異常発生やスモモの実の採れすぎの原因は？　その答えは、決定論的カオスと呼ばれるシンプルな考え方の中にあるかもしれない。ウサギを例にとろう。資源が無尽蔵にあれば、ウサギの数pは毎年一定の係数k（出生率）に従って幾何級数的に増える。しかし実際は、ウサギの数が増えると食べ物がなくて飢え死にするウサギも増える。その場合のモデルは、第2の係数（生存率）を掛けることで作れる。生存率として適切な式は$(1-\frac{p}{1000})$になるだろう。こうして、単純な変換を使ってウサギの数の挙動を予測できる。

$$p \rightarrow kp\,(1-\frac{p}{1000})$$

仮に出生率を$k=2.6$とする。100匹のウサギ（$p=100$）から出発すると、1年後の数は234匹、2年後は466匹となり、やがて615匹で安定する。ところが、出生率を3以上に上げていくと、奇妙なことが起こる（右ページ上）。ウサギの数は1年おきに増減して2つの値の間で振動し始め、kがさらに大きくなるとカオス的にふるまいだす。最初のウサギの数を少し変える（例えば101にする）と、個体数の変化パターンはじきに、100匹の時と全く違うものになる。

これを単純化したものが、いわゆる「ロジスティック変換」である。

$$x \rightarrow Ax\,(1-x)$$

ここで、もし$A<4$ならば、0から1までのどんなxの値も0から1までの別の数に変換されるため、限りなく反復されうる。Aが0から4までの間の値を取る時、xの反復は直線になり、$A=3$で分岐して、$A=3.57$になるとカオスが始まって$A=4$に至る（右ページ下）。

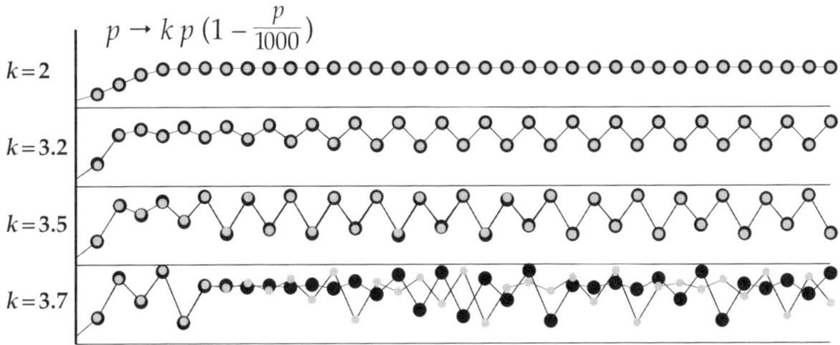

ウサギの群れ2つについて、出生率kを徐々に上げた時の個体数。スタート時、片方の群れ（黒丸で示す）は100匹、もう片方（灰色で少し小さい丸）は101匹である。kが3未満の時はどちらの群れも一定の値に落ち着く。kが3.2を超えると個体数は振れはじめ、次第に増減のサイクルが不規則になっていく。そして、$k=3.57$に達すると2つの群れはほどなく互いに異なるパターンを示し始め、完全にランダムな挙動を示す。

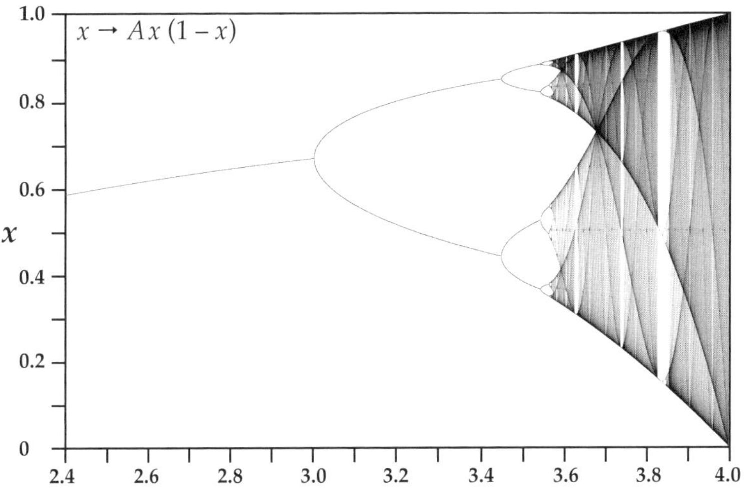

ロジスティック写像、別名ピッチフォーク分岐図。カオスの領域を拡大すると、ミニサイズのピッチフォーク分岐を持つ自己相似性のフラクタル構造と、次第に小さくなる「窓」〔軌道が密でない部分〕が見えてくる。

アトラクターとリペラー

安定性を求めて

任意の数字を2で割って1を足す。これを繰り返す。どんな数から出発しても、最後は2に近づく。この場合、2がアトラクターである！

任意の数字を2倍して2を引く。これを繰り返す。2以外のどんな数から出発しても、正または負の無限に行き着く！　この場合、2はリペラーである。違いはどこにあるのだろう？　違いは、角度にある。

第1の例（下図左）では、直線（$y = \frac{1}{2}x + 1$）の傾きは45°未満で、数は漸進的にP〔アトラクターないしリペラー〕におけるxの値に近付く。第2の例では、$y = 2x - 2$の傾きは45°より大きく、数は漸進的にPから離れていく。（原点を通る傾き45°の直線は、ある計算の出力を次の計算に入力する変換を表す。）傾きが負の場合（下図の右の2つ）は、傾斜角度が45°より浅ければ数はサイクル（周期）を繰り返しつつPに向かっていくが、45°よりも急であればサイクルを繰り返しつつPから遠ざかっていく。

$x \rightarrow Ax(1-x)$ というロジスティック変換について言えば、方程式 $y = Ax(1-x)$ のグラフは上に凸の放物線になる（右ページ）。Aの値を変えると頂点の高さが増減して45°の直線と放物線の交点Pにおける傾きに劇的な影響を及ぼし、それが今度は反復挙動に影響する。右ページの4つの例では、Pにおける傾きの違いによって、結果がアトラクターになるかリペラーになるかが決まる。

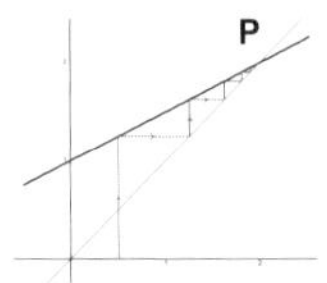

漸進的なアトラクター

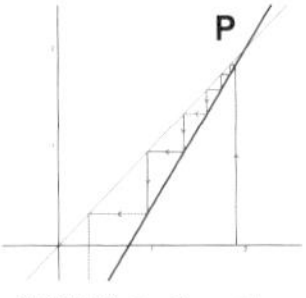

漸進的なリペラー

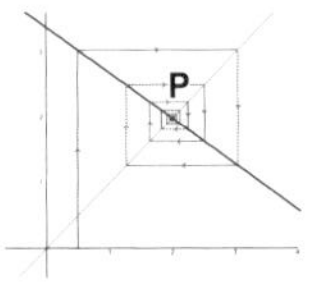

周期的なアトラクター

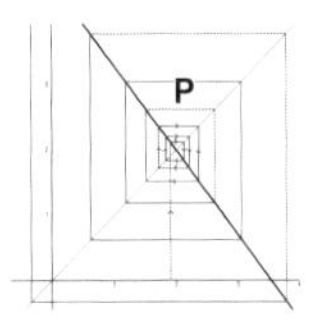

周期的なリペラー

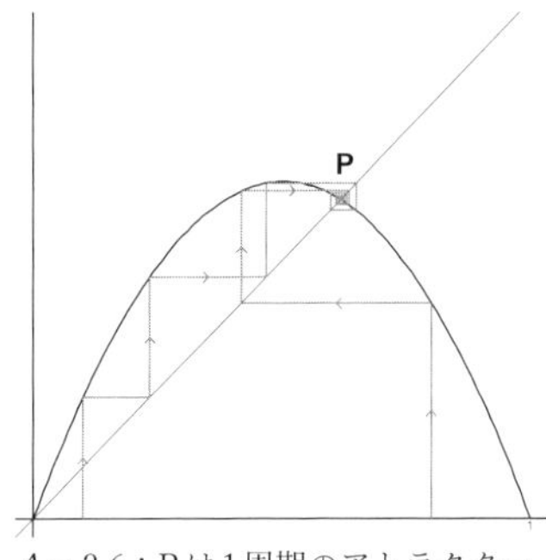

$A = 2.6$；Pは1周期のアトラクター

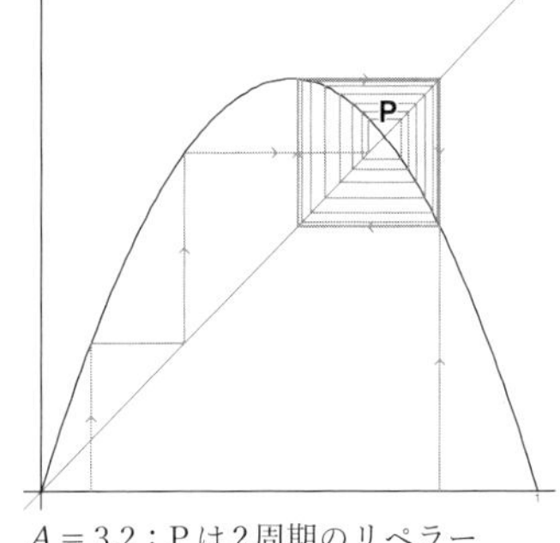

$A = 3.2$；Pは2周期のリペラー

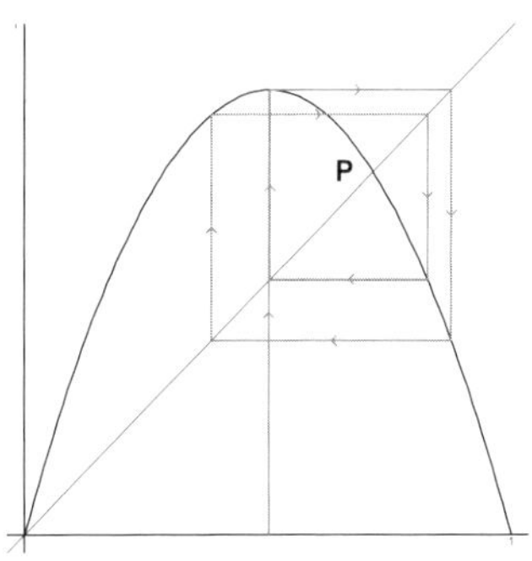

$A = 3.5$；Pは4周期のリペラー

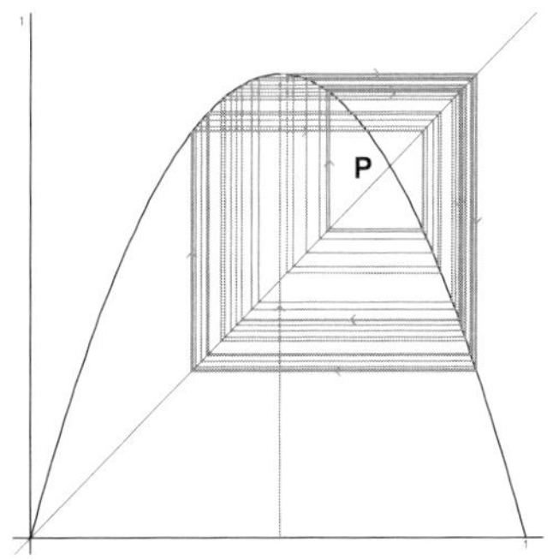

$A = 3.6$；Pはカオス的リペラー

ロジスティック方程式 $y = Ax(1 - x)$ のグラフ4つ。P（グラフと45°の直線との交点）における傾きに対してAの値の変化がもたらす効果と、それが反復挙動にどう影響するかがわかる。

上段左：$A = 2.6$の時、Pにおける傾きは45°よりも小さく、結果は1周期のアトラクターになる。

上段右：$A = 3.2$の時、Pにおける傾きは45°よりわずかに大きく、結果はリペラーになり、やがて2周期の安定したサイクルとなる（出力が2つの値の間で跳ねる）。

下段左：$A = 3.5$の時、Pにおける傾きはさらに大きくなり、4周期の安定したサイクルになる。

下段右：Aがさらに増加すると周期は2倍になり、さらにその2倍に……と繰り返してファイゲンバウム点 $A = 3.56995\cdots$ に至り、それを過ぎるとカオスが始まる。

窓——カオスの中の安定した領域

出発点への回帰

ロジスティック写像（25ページ）を見ると、カオス的な領域の中に「窓」と呼ばれる安定した領域があることがわかる（例えば$A=3.83$の周辺）。ピエール・ファトゥの定理によれば、もし安定な周期が存在するなら、それは常に「臨界点」——グラフが最大になるxの値、すなわち$x=0.5$——を含んでいる。F_nを臨界点のn回目の反復と定義すると、以下の式が得られる。

$$F_1 = \frac{A}{4}\ [= Ax(1-x) = A \times 0.5 \times (1 - 0.5)]$$
$$F_2 = \frac{A^2(4-A)}{16}$$
$$F_3 = \frac{A^3(4-A)(16-4A^2+A^3)}{256}$$
$$F_4 = \frac{A^4(4-A)(\text{10次の多項式})}{65536}$$

下や右ページのグラフでは、これらの関数が太めの線で描かれている。いずれも、$A<3$の場合にはおとなしくふるまっているが、カオスの領域では上下への振れがどんどん激しくなる。

F_1はこの系の上限で、F_2は下限、それ以降のFの線はカオス領域の内部の上限、下限と密度の変動を定義する。しかし、窓が生まれる原因は何なのだろう？

下図ではF_3の線が点Pで$x=0.5$と交わっている。これは、この時のAの値において臨界点$x=0.5$は3回反復するごとに0.5に戻り（右ページ下欄参照）、窓を形成することを意味する。

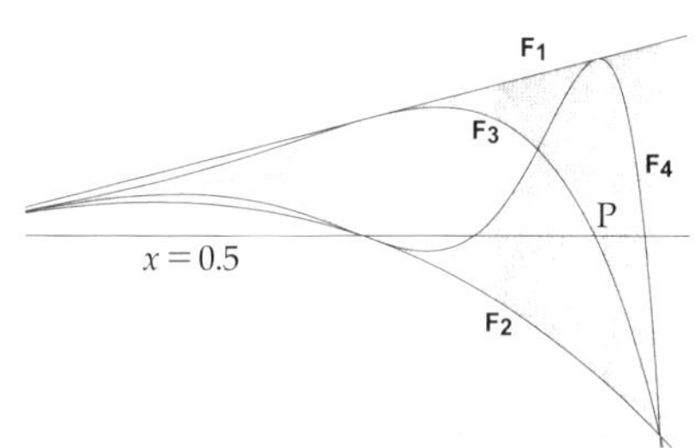

n周期の窓は、F_nの線が$x=0.5$の線と交わる時に必ず出現する。

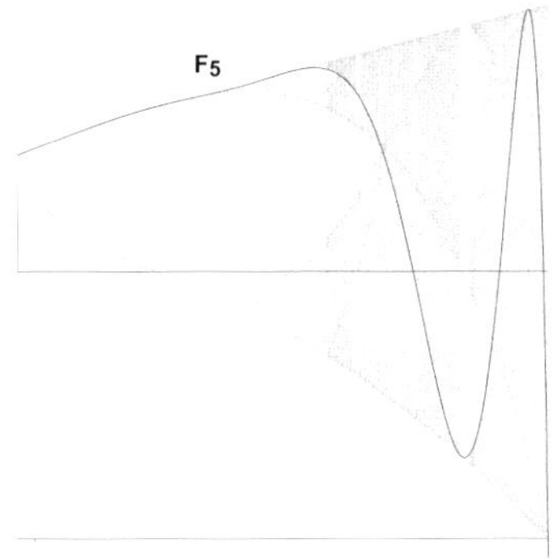

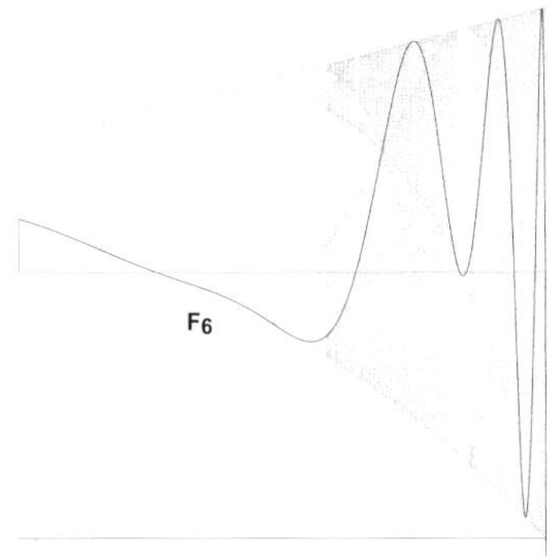

F5の線は3ヵ所で臨界線と交わるため、5周期の窓が3つ現れる。

F6の線はカオス領域内では6ヵ所で臨界線と交わり、その一部は3周期性を持つ。

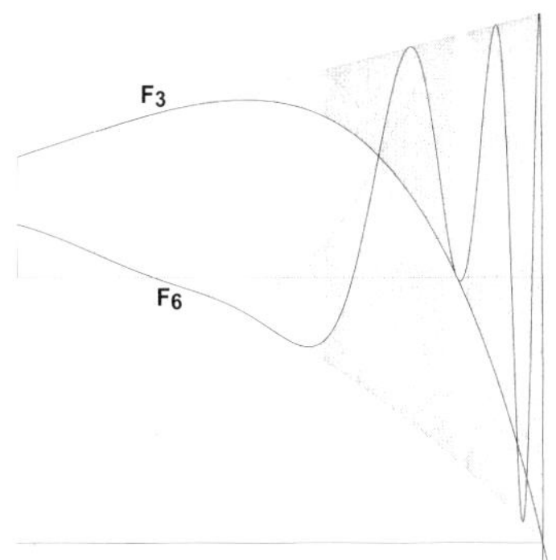

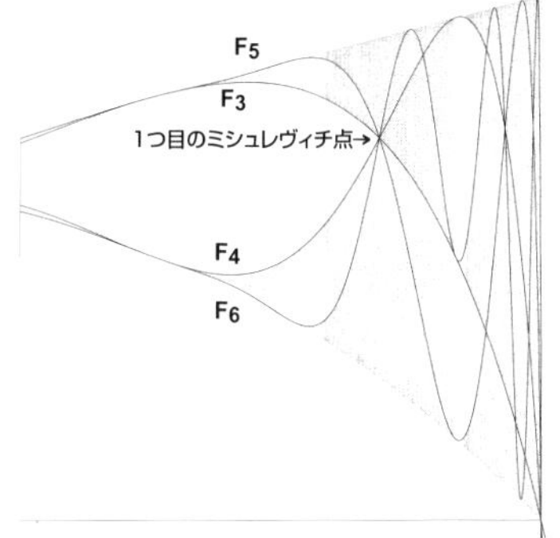

3で割り切れるFの線はすべて、臨界線と3周期の窓で交わる。

F2よりも上にあるFの線はすべて同じ点（1つ目の「ミシュレヴィチ点」）を通る。

3周期の窓

3周期の窓の中心は、およそ $A = 3.832$ の位置にある。この A は、$\frac{A^3(4-A)(16-4A^2+A^3)}{256} = 0.5$ の解である。臨界点 ($x_c = 0.5$) を3回反復すると、

$$x_0 = x_c = 0.5 \qquad x_1 = 3.832 \times 0.5\,(1-0.5) = 0.958$$

$$x_2 = 3.832 \times 0.958\,(1-0.958) \fallingdotseq 0.154$$

$x_3 = 3.832 \times 0.154\,(1-0.154) \fallingdotseq 0.5$ で、出発点に戻る！

現実世界のカオス

蝶の羽ばたきと水滴落下

真のカオスを現実世界で見つけるのは極めて難しい。放射性同位体の壊変や雲の形や福引の球の動きは、単にランダムなだけだ。ある系がカオスとして分類されるためには、2つの条件を満たす必要がある。第一に、予測可能なふるまいをすること。正確に同じ初期条件から2回出発した場合、系が全く同じように発達しなければならない。第二に、わずかに異なる初期条件から出発したなら、系は速やかに異なる発達をすること。この現象は「初期値鋭敏性」として知られ、最初にこれに気付いたのは1960年代にコンピューターを使って気象モデルを研究していたエドワード・ローレンツだった。彼の「ブラジルでの1匹の蝶の羽ばたきがテキサスで竜巻を引き起こす」という表現は有名である。

現代の気象学者は、わずかずつ異なる50通りの初期値を使ってコンピュータープログラムを走らせている。すべてのモデルから出てきた5日後の結果がだいたい一致すれば、彼らは自信を持って予報を出せる。しかし、モデルごとに結果が大きく違ったら、大気はカオス的な状態にあり、学者たちは翌日の予報までにとどめる。

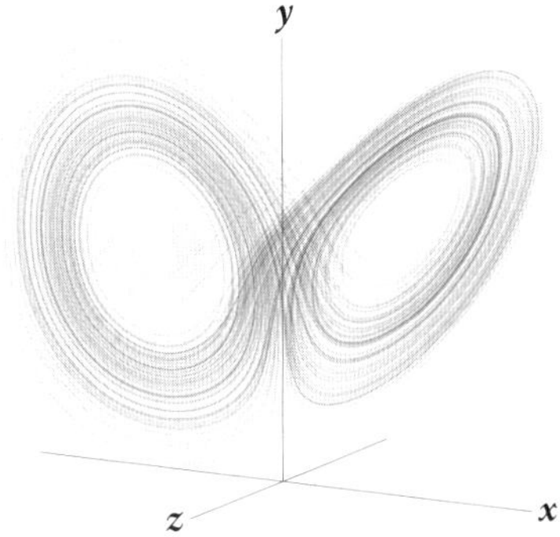

y

z　x

$$\begin{cases} \dot{x} = \sigma(y - x) \\ \dot{y} = x(\rho - z) - y \\ \dot{z} = xy - \beta z \end{cases}$$

$$\sigma = 10, \beta = \frac{8}{3}, \rho = 28$$

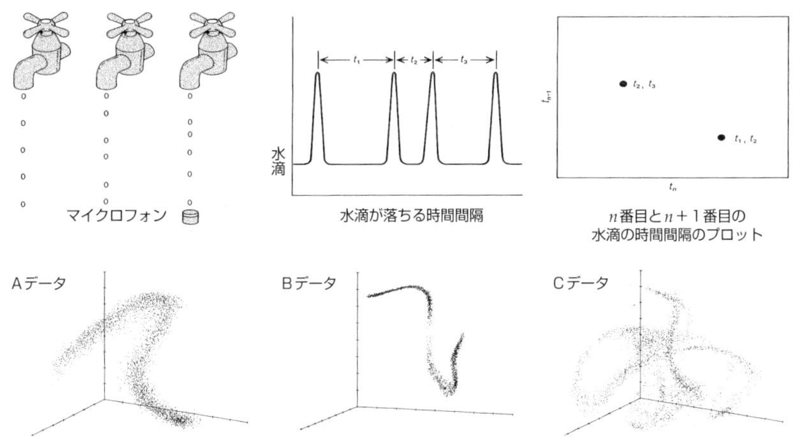

流率が高くなると水滴の落ちる音はランダムになっていくように見える。しかし、n番目、n＋1番目、n＋2番目の水滴の時間間隔をx, y, zのチャートにプロットしてみると、旋回する3Dのカオス的アトラクターが現れる。

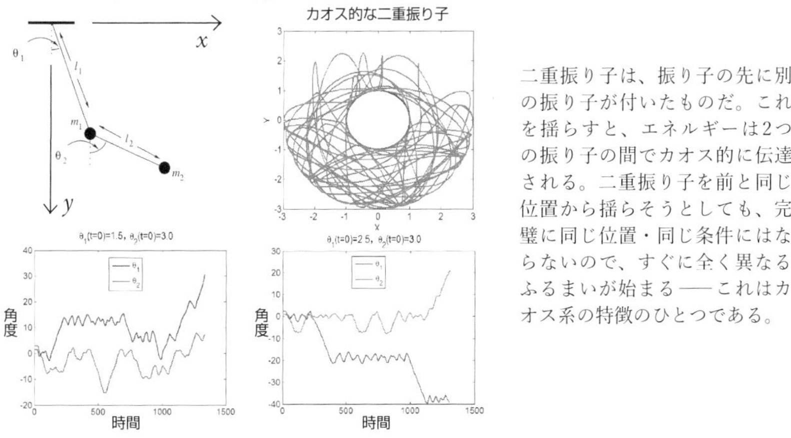

二重振り子は、振り子の先に別の振り子が付いたものだ。これを揺らすと、エネルギーは2つの振り子の間でカオス的に伝達される。二重振り子を前と同じ位置から揺らそうとしても、完璧に同じ位置・同じ条件にはならないので、すぐに全く異なるふるまいが始まる――これはカオス系の特徴のひとつである。

左ページ：ローレンツ・アトラクターは、3次元空間内での点の軌跡を決定する方程式の系である。点はしばらくの間、アトラクターの“翼”の片方をぐるぐると回るが、時々、はっきりした理由もなしに反対側の翼に移る。この系は完全に決定的であるが、初期値に対する極端な鋭敏性を示す。

太陽系の中のカオス

三体問題

ニュートンは1687年に重力理論を発表し、1個の惑星が恒星の周りでどのように楕円軌道を描いて回り続けるかを示した。しかし、月が地球の周りを回る軌道を分析しようと試みたニュートンは、2個以上の天体から重力の影響を受ける衛星が描く軌道を説明できる単純な公式を見出すことができなかった。

下の図（ジュリアン・スプロット作）は、相互に作用し合う3つの天体が描きうる軌道を示している。この図の二重星系では、1個の惑星が片方の恒星の周囲を回った後にもう片方の恒星を回り始め、それから再び最初の恒星に戻る。やがて惑星はどちらかの恒星に衝突するか、惑星系から追い出されるかになる。この惑星の未来には初期位置や軌道周回速度のわずかな違いが大きく影響するため、軌道はカオス的であると言われる。

月はこれまで何百万年も安定した軌道を描いてきたが、常に同じ状態だったわけではないことが判明しており、将来他の惑星（特に木星と土星）が月に（さらには地球にも）襲撃を開始して、月や地球を太陽系から放逐してしまわないという保証はない。確かなことは誰にもわからないのだ。

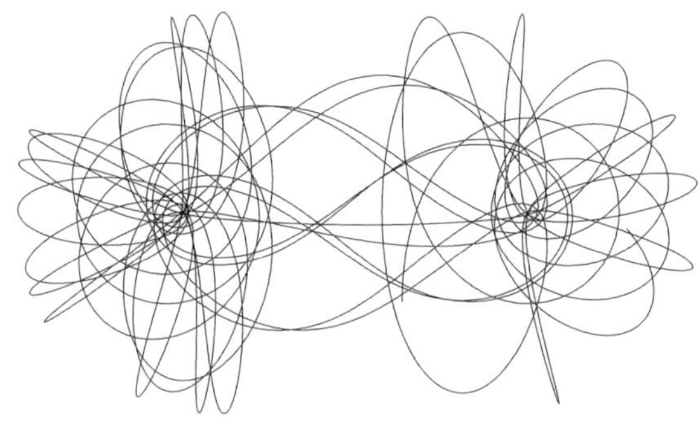

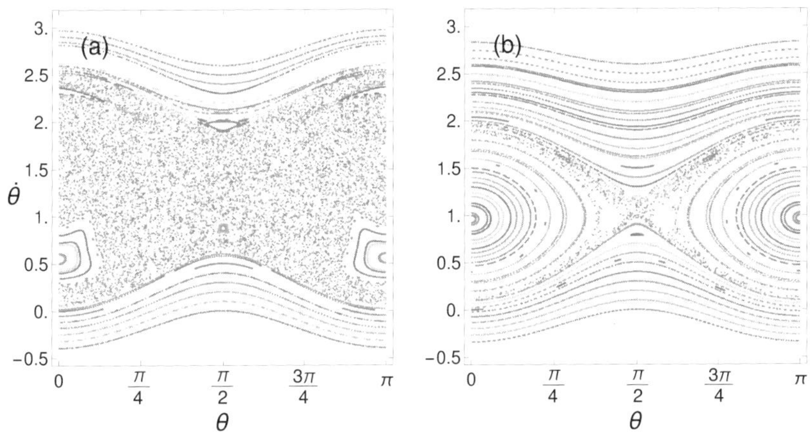

平均直径270 kmの衛星ヒペリオンは土星の周囲を約21日で公転している。ヒペリオンはジャガイモに似た細長い形をしているため、主要な3つの軸方向の慣性モーメントが大きく異なり、回転周期と軌道周期をシンクロさせることができない（月が常に同じ面を地球に向けているのとは対照的だ）。その結果、ヒペリオンは軌道内でカオス的に宙返りをしている。上のグラフは、異なる多くの軌道について、軌道上の同じ時点における衛星の回転角度（θ）に対する回転率（$\dot{\theta}$）のシミュレーションを表しており（Tarnopolski 2016）、一部は準周期的で、他はカオス的である。ヒペリオンはカオス領域にある。

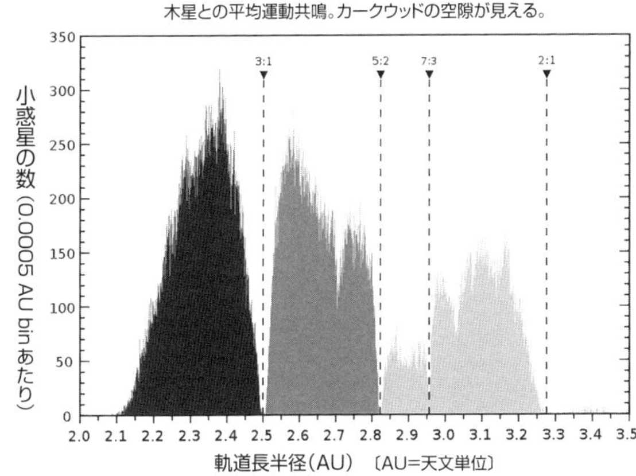

小惑星帯には、小惑星が均等に分布しているわけではない。小惑星の軌道周期と木星の軌道周期の間に単純な共鳴が存在する場所には、顕著な空隙が現れる。そうした場所では軌道がカオス的で、離心率の大幅な変化に影響されて他の小惑星や火星との衝突コースに入ってしまいがちなためである。

ジュリア集合

複素数が関わるフラクタル

IFSフラクタルの重要なクラスに、ジュリア集合がある。これは、以下の変換を行った際の複素平面の挙動を調べることで生成する。

$\boldsymbol{z} \rightarrow \sqrt{(\boldsymbol{z}-\boldsymbol{c})}$

ただし$\boldsymbol{z}$と$\boldsymbol{c}$は複素数であり、$\boldsymbol{i}=\sqrt{-1}$とすると、変数x, yと定数a, bについて、$\boldsymbol{z}=x+y\boldsymbol{i}$, $\boldsymbol{c}=a+b\boldsymbol{i}$

負の数の平方根、つまり虚数（$\boldsymbol{i}$, $2\boldsymbol{i}$, $-5\boldsymbol{i}$等）は16世紀にジェロラモ・カルダーノが発見した。今日、虚数の数平面は複素平面と呼ばれ、横軸に実数、縦軸に虚数を割り当てた平面を指す。複素数の平方根を求めると、実数の平方根と同様に常に2つの複素数の解が存在する。ジュリア変換（下図参照）では、Pから$\boldsymbol{c}$（$=a+b\boldsymbol{i}$）を引くことでQへ移動し、次いでQの平方根を求めると2つの解R_1とR_2が得られる（58ページの付録を参照）。

複素数を扱う別の方法として、極座標表示がある（左図）。これは、原点からの距離r（絶対値）と、x軸との角度θ（偏角）を使う方法である。従って、$Q=(x-a)+(y-b)\boldsymbol{i}$は$\{r, \theta\}$とも書くことができる。極座標表示された数の平方根を求めるには、絶対値の平方根を求め、偏角を2で割ればよい。

$$R_1=\{\sqrt{r}, \frac{\theta}{2}\}$$
$$R_2=\{-\sqrt{r}, \frac{\theta}{2}\}$$

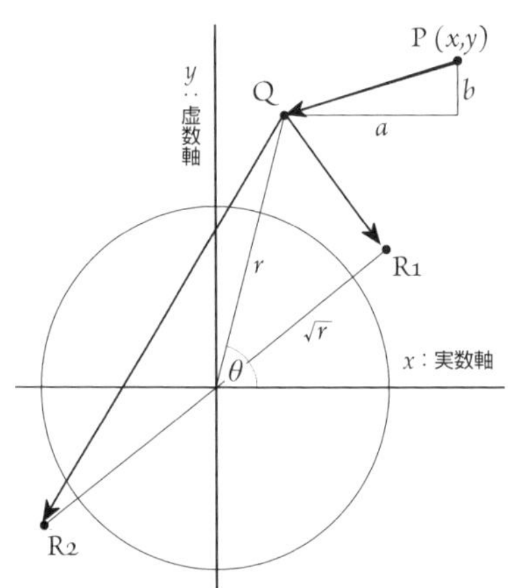

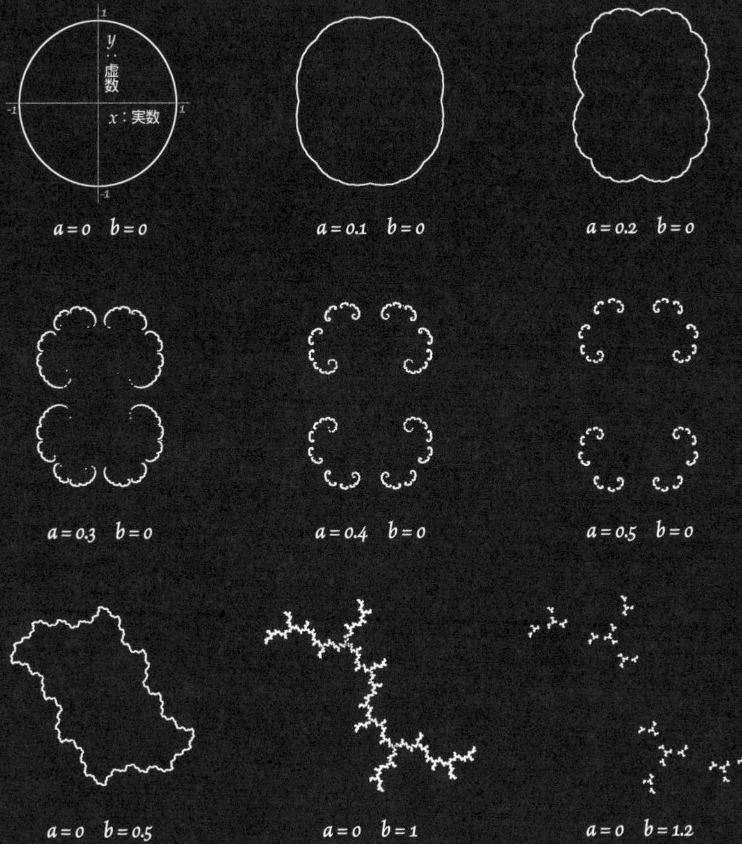

ジュリア集合。複素定数*c*の実数部分と虚数部分を構成する*a*と*b*がともにゼロならフラクタルは円になる。しかし、*a*または*b*の値を大きくしていくと円がゆがみ、あるところからフラクタルは断片に分かれる。他のストレンジアトラクターと同様、出発点がどこかには関係なく、平方根関数は（どんな正の実数も繰り返し平方根を求め続けると必ず1になるのと同じように）自身のアトラクターに行き着く。ジュリア集合には、連結していて内部と外部を持つものもあれば、断片に分かれていて内部が存在しないものもある。

エスケープタイムアルゴリズム

脱出にかかる時間はどれくらいか?

ジュリア集合はアトラクターである。平面上のいかなる点も、やがてジュリア集合に行き着く。では、もしも逆の操作である $z \to z^2 + c$ を適用したらどうなるか考えてみよう。つまり、複素数から出発してそれを2乗し（極座標表示の場合は、距離を2乗して角度を2倍し）、そこに定数を足す。ほとんどの場合、このプロセスはzを急速に集合から遠ざける。しかしジュリア集合が連結である場合は、集合の内部から出発した点は永遠に内部に閉じ込められる。

下図や右ページの図を生成するには、平面上のすべての点について、その点が、あらかじめ定められた相当に大きな距離だけ原点から離れたところに行く（ベイルアウトする）まで、あるいは例えば1000回の反復に達するまで、反復操作を行う。後者の場合にはその点は集合の内部に閉じ込められたとみなして色は黒にし、それ以外の場合には、脱出するまでに必要な反復の回数に従ってグレーの濃さを変えて点（ピクセル）に色付けする。

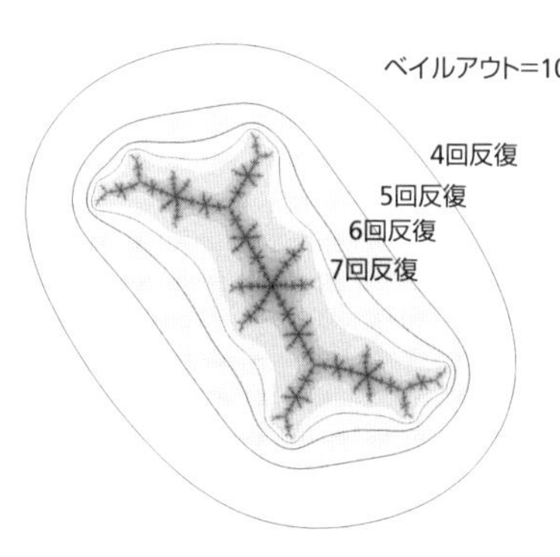

$a = -0.101, b = 0.956$ の時のジュリア写像。連結だが内部は持たない。

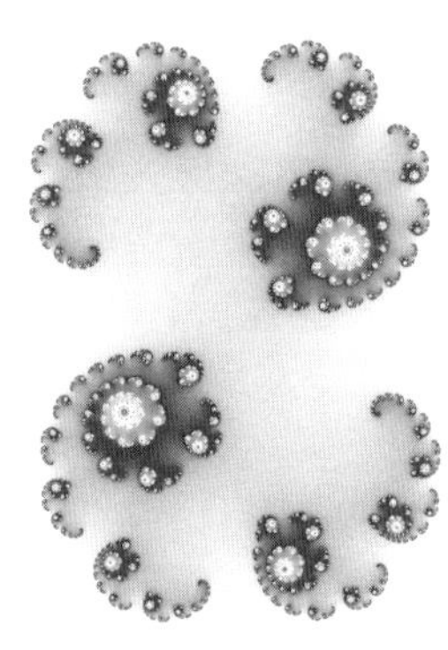

$a = 0.34, b = 0.04$ の時のジュリア写像。非連結。すべての点が無限へ向かって脱出する。

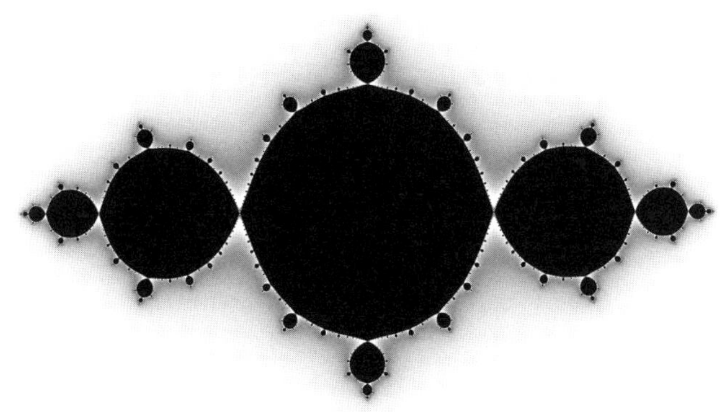

上：$a = -0.9$, $b = 0$ の時のジュリア写像。この写像は連結なので、境界線の内部から出発したすべての点は内部に閉じ込められており、内部は黒色になっている。あらゆるジュリア写像は180°の回転対称になる（2つの平方根 R_1 と R_2 は原点に対して正反対の位置にあるため）。
下：原点付近のジュリア集合のコラージュ。それぞれの $\boldsymbol{c}$ の値でプロットしたもの。謎めいた形が現れ始めている。

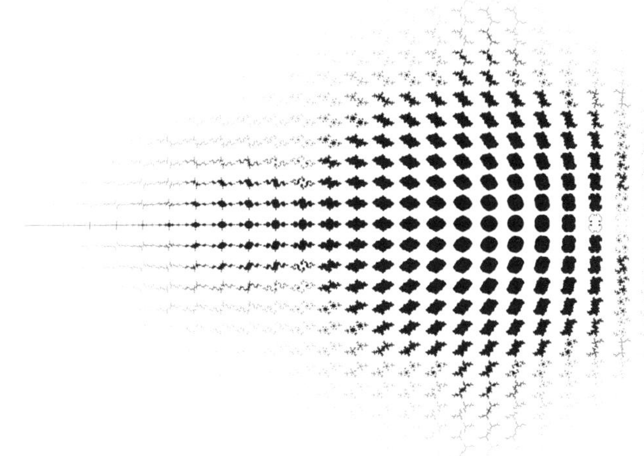

ジュリアからマンデルブロへ

数学の中で最も複雑な図形

1978年にニューヨーク州立大学ストーニーブルック校のロバート・ブルックスとピーター・マテルスキーが、大学のコンピューターを使ってジュリア集合のすべての中心点を平面上にプロットした。当時のコンピューターには今のような高精細ディスプレイはなかったので、アステリスク（*）で画像を紙に印刷するのが一般的な楽しみ方だった。プリンターから少しずつ吐き出される画像を見た時の彼らの驚きたるや！（右ページ上）

しばしば「数学世界で最も複雑な図形」と呼ばれるこのマンデルブロ写像（右ページ下）はどうすればプロットできるのだろう？　前のページで、ジュリア写像をプロットするために、固定値$\boldsymbol{c}$を用い、$\boldsymbol{z}$の出発点を色の付いた部分の座標$\boldsymbol{p}$にして、$\boldsymbol{z} \rightarrow \boldsymbol{z}^2 + \boldsymbol{c}$ を反復した。マンデルブロ写像を生成するには、$\boldsymbol{z}$の出発点をこの関数の臨界点である $\boldsymbol{z} = (0, 0)$ として、$\boldsymbol{z} \rightarrow \boldsymbol{z}^2 + \boldsymbol{p}$を反復する。この場合も、36ページと同様に、ベイルアウト値に至るまでに必要な反復の回数に従ってピクセルのグレーの濃さを変える。

これほど複雑な写像なのに、コードは笑ってしまうほど簡単だ。（ジュリアとマンデルブロのアルゴリズムの違いを、下の疑似コードで示す。これらのコードがどう実行されるかの詳細は、58ページの付録を参照。）

```
Function Julia (C)                                  Function Mandelbrot
                      For y = 0 to Screenheight
                      For x = 0 to Screenwidth
z = complex(x, y)                   C = complex(x, y) : z = (0, 0)
                            count = 0
                             Repeat
                            z = z² + C
                         count = count + 1
         Until either Modulus(z) > bailout or count > 1000
                      Plot(x, y, colour(count))
                         Next x : Next y
                             Return
```

左：ブルックスとマテルスキーが1978年に作り出した、史上初のマンデルブロ写像の画像。

下：現代の、勾配を付けてプロットしたマンデルブロ写像。ある点（ピクセル）の“高さ”の限界を超えるまでに必要な反復の回数に応じて濃淡が付けられている。

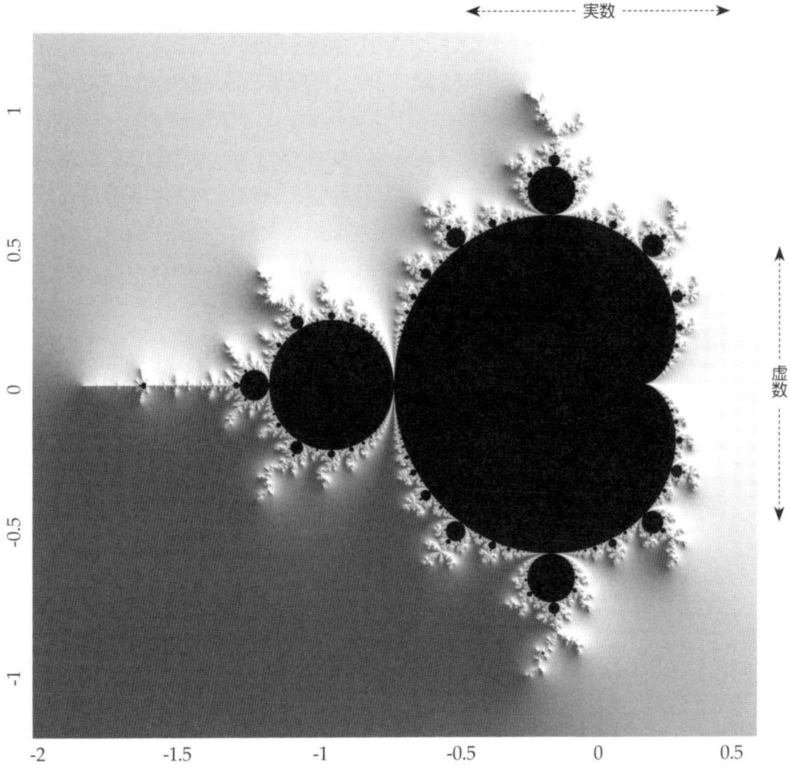

実数

虚数

1
0.5
0
-0.5
-1

-2　-1.5　-1　-0.5　0　0.5

マンデルブロ写像

数学が純粋芸術になる

1982年にブノワ・B・マンデルブロが『フラクタル幾何学』を出版すると、すぐにパソコンを持つ人々すべて（本書の著者も含む）がジュリア集合やシダや雲を生成するシンプルなプログラムを書き始めた。（マンデルブロのミドルネーム風の「B」は彼が自ら付け足したもので、何の頭文字なのかは不明だが、名前自体〔Benoit B. Mandelbrot〕を表していると言う人もいる。）

ジュリアやシダや雲にもそれぞれ面白味があるが、最も人々を魅了したのはマンデルブロ写像だった。なぜなら、総じて自己相似性を持つ通常のフラクタルとは違って、マンデルブロ写像には相違があるからだ。拡大していくと新しい構造やパターンが現れ、なじみのある構造に思えるもの（例えばミニブロ〔42ページ参照〕）も前とは微妙に違い、それまでのレベルにはなかった新しい特徴が加わっている。

マンデルブロ写像はマンデルブロ集合とイコールではない。マンデルブロ集合は、対応するジュリア集合が連結である点すべての集合で、通常は黒く塗られる。最も面白いのはマンデルブロ集合自体ではなく、集合の縁とそのすぐ外側なのだ。

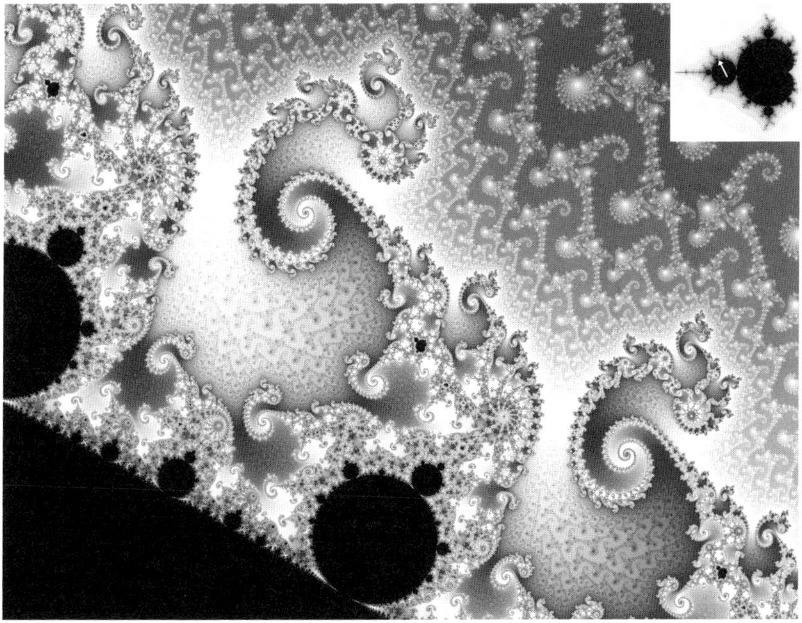

ズームイン

深く、深く、もっと深く

マンデルブロ集合のすぐ外側の任意の部分を拡大すると、ほぼ確実に、全体をミニチュアにしたような図形（ミニブロ）が見えるはずだ。ミニブロはマンデルブロ全体が持つ細部の精妙さをすべて持ち、そのうえ、それぞれのミニブロは細部に埋め込まれていて、すぐそばの周囲にこだまのようにつながっている。右ページの画像はすべて、同一の場所を違う倍率で見たところだ。まず、トゲのように見えるところにズームインする。すると渦巻きが現れ、それがひとりでに二重の渦、四重の渦、八重の渦へ……と細かく分かれていく。すると、その中心にミニブロがあることがわかる。最後の画像はおよそ2兆5000億倍だ。この倍率の時、最初のマンデルブロ写像は太陽系くらいの大きさになっている！

マンデルブロの画像の純粋な深度は、色のレベルを白黒の交代で表示すると伝わりやすい。下の2枚の画像は同じ場所を異なるカラーリングで表している。左の画像で渦巻状に伸びた腕同士の間にある薄暗い部分が、右では深い地底に向かって渦を巻きながら下降し、どんどん細かい根に分岐していく巨大な木の根に変わっている。

「Mandelbrot Zoom」で動画検索をすると、信じられないほど美しく複雑なマンデルブロ写像のさまざまな動画を見ることができる。

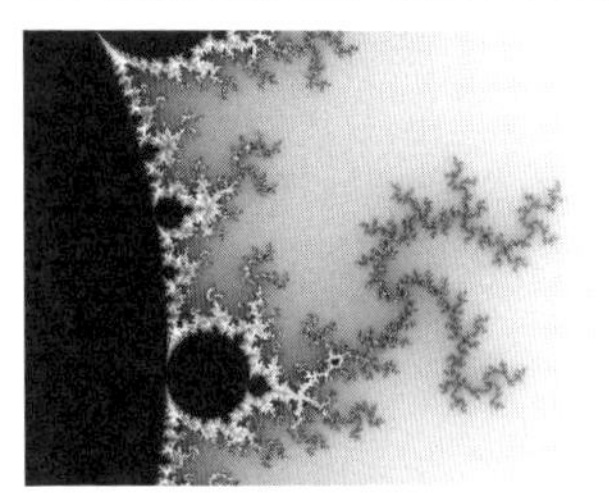

tthsqe12のYouTube動画 "Mandelbrot Zoom 10^227" より。

「こぶ」のラベリング

マンデルブロ集合の鍵

マンデルブロ写像の探検の手始めに、写像のメイン部分（カージオイド〔心臓形〕と呼ばれる部分）に「こぶ1」というラベルを付けよう（右ページ上の図参照）。そしてそこから出てくるこぶを、1の左に位置するものから時計回りかつサイズ順に、こぶ2, 3, 4, 5, 6 …と呼ぶ。これらはこぶ1から出た主要なこぶなので厳密には1:2, 1:3, 1:4（「:」は「～に付いている」ことを表す）と名付けるべきだが、すべてのこぶ名は1: で始まるので1は省略可能だ。また、x軸より下のこぶは上部の鏡像なので今はラベルを付けない。こぶ2に付く主要なこぶもやはり大きいものから順に2:2, 2:3, 2:4…とラベリングされる。

こぶ3と4の間に、目立つこぶがひとつある（右ページ）。これを4›3と名付ける。「›」は、「～へ向かって動く」ことを意味する。しかしなぜ3›4 でなく4›3と呼ぶのか？　それは、このような2次こぶは、下図のような時計回りと反時計回りを交互に繰り返す列をたどることによって到達するものだからだ。こぶ4は、4, 4›3, 4›3›3, 4›3›3›3…とラベル付けされるこぶからなる2次的な反時計回りの列の出発点である。こぶ4›3から始まる3次的な時計回り列は、4›3, (4›3)›4, (4›3)›4›4, (4›3)›4›4›4… と続く。（カッコに注意。また、ラベルは、例えば4›3›3›3 を 4›3^3に短縮できる。）この方法を使うとすべてのこぶは固有のラベルを持つ。

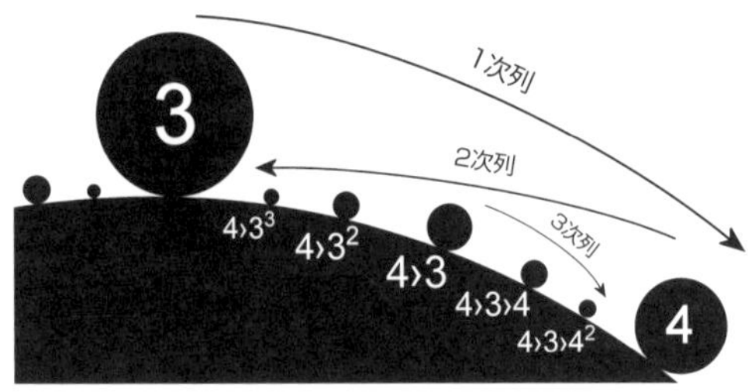

こぶの上にこぶが付いていることをコロン(:)で表す。例えばこぶ2:3は、こぶ2に付いた主要こぶ3を指す。こぶ3›2に付いた主要こぶ2をこぶ3›2:2というラベルにすることも完全に可能だし(右図)、こぶ4›3に付いたこぶ3›2›2という意味で4›3:3›2›2と書くこともできる(図はなし)。

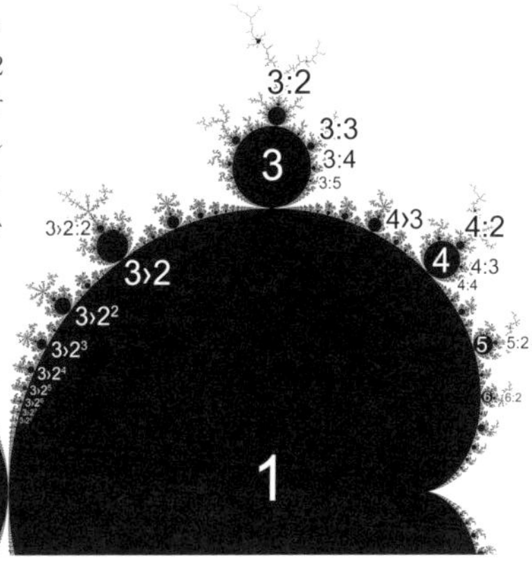

さらに先のラベリング。注意すべきは、あるこぶに行き着くには必ず時計回りと反時計回りの列を順に経なければならないため、一見ありそうに思えても実際には存在しえないラベル(例えば3›4)もあるということである。

軸索とシナプス

写像の秘密の暗号コード

マンデルブロ写像の周囲には、「ニューロン」（こぶの端から生えた細い構造）が見られることがある。ニューロンは「軸索」を持ち、それがこぶを「シナプス」（分岐点）と連結する。シナプスからは「樹状突起」が分岐して現れる。任意の2つのシナプスの間には必ずミニブロがあり、逆もまた真である。1つのシナプスが持つ枝の数を、そのシナプスの次数という。

あるシナプスの次数は、それが付いているこぶのラベルと関連している。そのため、こぶ3:4（左下）は3次と4次のシナプスを持ち、主要シナプス（こぶに最も近い）は4次である。こぶ4:3（右下）の場合も同様である。

ここで前ページの画像を見ると、こぶ1に付いている主要こぶに関して驚くべき事実が明らかになる。主要シナプスの次数は、そのシナプスが付いているこぶのラベルと同じなのだ！　それだけではない。こぶ4›3に付いているシナプスの次数は7で、こぶ (4›3)›4›4 のシナプスの次数は15である。言い換えれば、どのシナプスの次数も、「:」の後ろの数字をすべて足せばわかる。

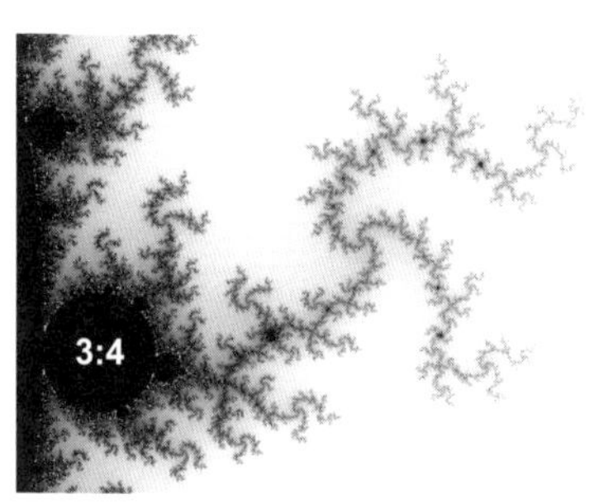

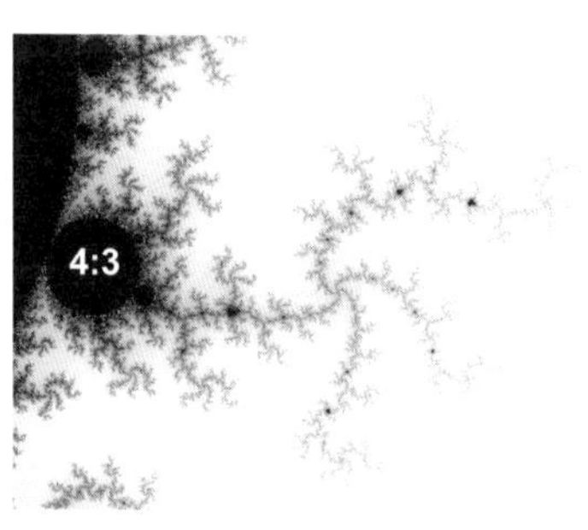

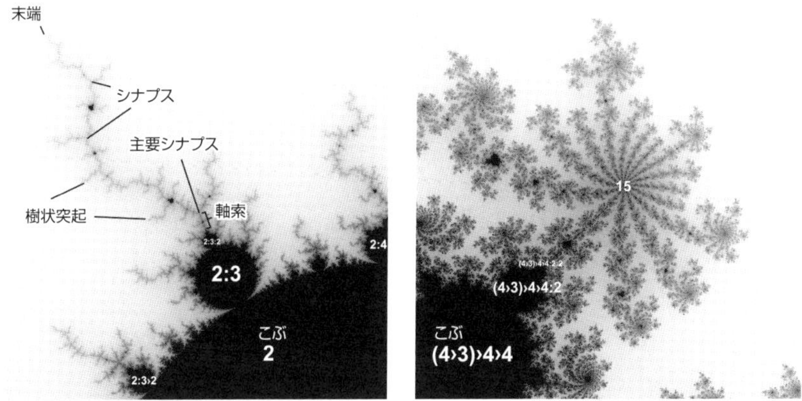

左上：「ニューロン」のラベリング。こぶ2:3の主要シナプスは、1本の軸索とそれが分岐した2本の樹状突起を持つので次数が3である（1＋2＝3）。こぶ2:3から出ているこのニューロンは実際にはこぶ2:3:2に付いており、さらに言うと、実は2というラベルを持つさらに小さいこぶが無限個付いている。その接点のラベルを正確に書くと、1:2:3:2:2:2:2…となる。軸索が実際は次数2のシナプスの無限な連なりだというのはこういうわけである。
右上：こぶ(4›3)›4›4のニューロンの主要シナプスは、4＋3＋4＋4＝15より、次数が15である。

この画像のニューロンは次数8の主要シナプスを持ち、渦巻きは次数3なので、親こぶは3:8である。こぶ3の縁に付いているすべてのこぶは、これと似た次数3のシナプスを持つ。しかしこぶの周りを順に見ていくに従ってシナプスはどんどん渦を巻いていく。どんどん進む複雑さは、熱心な研究者に喜びをもたらす。

反復写像の軌道

周期性とステップサイズ

マンデルブロ写像の色の濃さ（あるいは「高さ」）は、zを2乗して定数cを加える操作（38、58ページ参照）を繰り返した時にzに何が起こるかによって算出される。定数cがマンデルブロ集合の外にある場合にはzは比較的迅速に無限へ向かって発散するが、cがカージオイドまたはこぶの内部にある場合には、zは周期的サイクルで動く。

何らかのパターンが見られることもある。もし定数cがこぶ1の内部にあれば、zは単一の値に行き着く。こぶ2の内部にある場合は、2つの値の間で振り子のように振動し、2周期性を示す。こぶ5の内部にある時は、5つの値の間で振動する（右ページ左上）。こぶの周期性がその主要シナプスの次数に等しいのは偶然ではない（前ページ参照）。また、こぶ3›2の中から出発した場合にも5周期性を見出すことができる。ただし、ステップサイズは異なる（右ページ右上）。ここには以下の2つの原則がある。

こぶの周期性＝主要シナプスの次数＝こぶのラベルの数字の合計

こぶのステップサイズ＝こぶのラベルにある数字の個数

留意すべきは、3:2のようなカージオイド以外についているこぶでは、周期性はラベルの数字の積（3:2なら6）になることである（右ページ下）。それと同じく、主要軸索2:2の内部に定数があると（下図）zは4周期の軌道に入り、こぶ2:2:2の内部である場合の周期性は8になり、以下同様である。

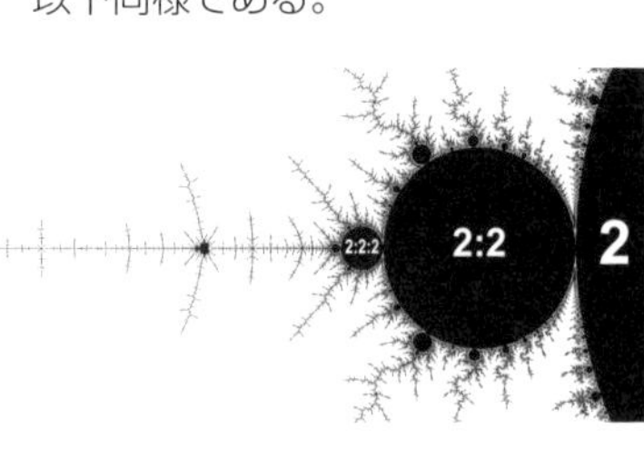

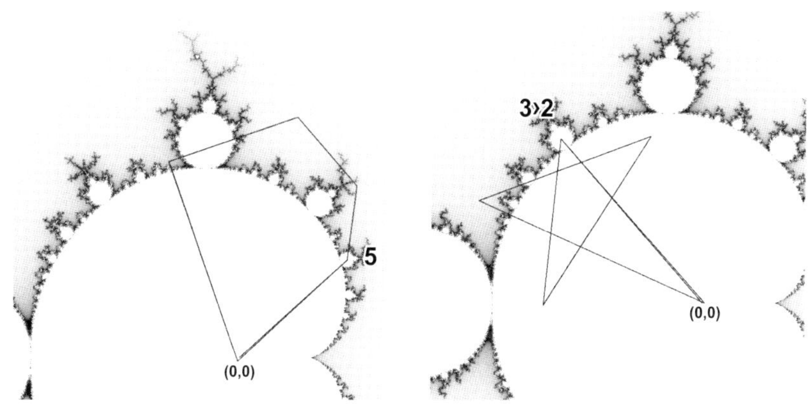

周期性とステップサイズ。左上：*c*がこぶ5の内部にあれば、五角形が形成される。右上：*c*がこぶ3›2の内部にあれば、*z*は（3＋2＝5なので）五芒星を描いて動く。どちらの例のこぶも、5つの点が反復するという同種の周期性を持つが、ステップサイズが異なる。こぶ5は各点の間を一度にひとつずつ動く（1歩進む）ため、ステップサイズは1である。それに対し、こぶ3›2では一度に2歩動くので、ステップサイズは2になる。

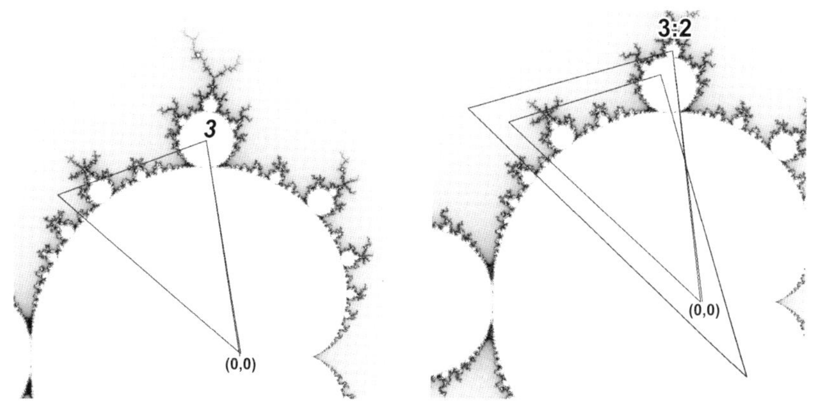

2次こぶの周期性の計算。左：*c*がこぶ3の内部にある時、*z*の動きは三角形を描く。右：*c*がこぶ3:2の内部にある場合は、最初の次数である3が維持されるが、三角形は2つに分かれて周期性は2倍の6（＝3×2）になる。

ファレイの魔法ふたたび

上へ、下へ

マンデルブロ写像には統一的パターンが隠れている。中心的カージオイドに付いているどのこぶも、周期性を分母としステップサイズを分子としたものに等しい――つまりファレイ分数の――回転数を生み出すのだ（右ページ参照）。任意のこぶのファレイ分数は、ひとつ前のこぶのファレイ分数と、列が目指すこぶのファレイ分数の、ファレイ和である（44ページのジグザグの図を参照）。ファレイ分数の知識があれば、中心のカージオイドのどこにこぶがあるかをだいたい言い当てられる（カージオイドはゆがんだ円形なので正確な位置までは言えない）。

驚くべきことに、カージオイドに付いているすべてのこぶのファレイ分数は、シュターン＝ブロコ木と呼ばれるもの（下図）を形成し、どの分数も左側につながっている2つの分数のファレイ和に等しい。フォードの円（14ページ）でもこの数列に出会った。シュターン＝ブロコ木にはすべての既約有理分数が含まれている。その結果、互いに素である2つの数sとp（$s<p$）について、ステップサイズがsで周期性がpであるようなこぶが必ず存在する。

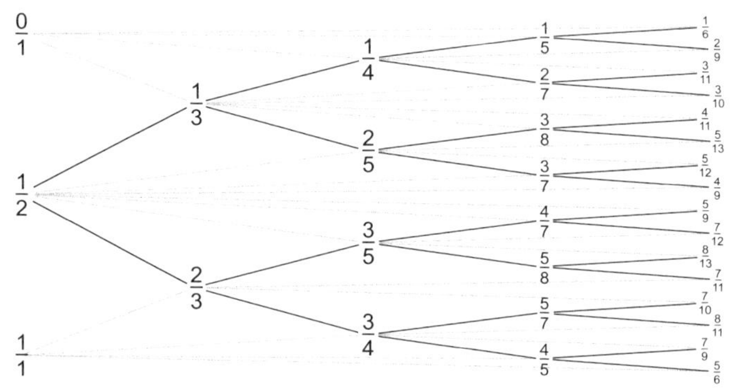

右：主要こぶのいくつかについてファレイ分数を示したところ。注目点は、分数がきちんと番号順になっていることだ。また、x軸より下のこぶはすべて$\frac{1}{2}$より大きい。それらはステップの回る向きが反対で、上方にある双子とはステップサイズが違うためである。

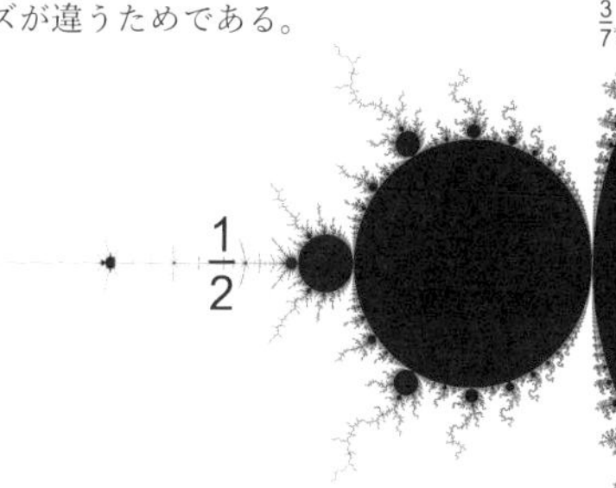

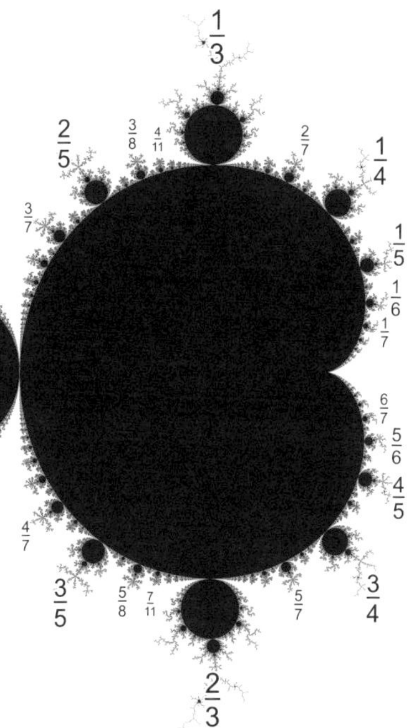

左ページ：シュターン＝ブロコ木。例えば、ファレイ分数が$\frac{5}{12}$であるようなこぶを見つけるには、木の左から出発して$\frac{5}{12}$に至る道を、ステップに注意しながら進む（この場合、上、下、下、上）。これはこぶ3›2›2›(3›2) に変換でき、ラベルには5つの数字があってそれらを足すと12になる！

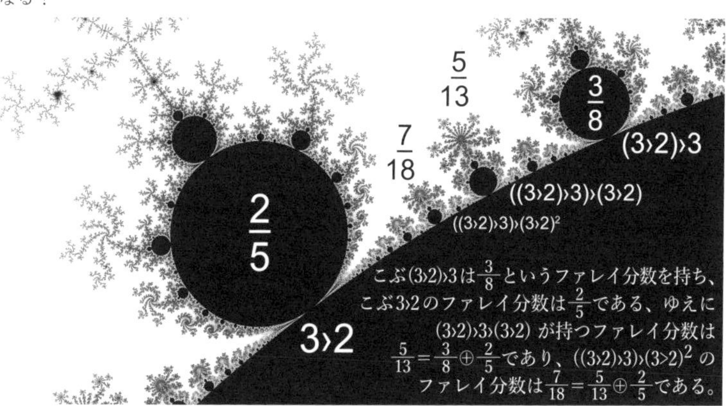

こぶ(3›2)›3は$\frac{3}{8}$というファレイ分数を持ち、こぶ3›2のファレイ分数は$\frac{2}{5}$である、ゆえに(3›2)›3›(3›2) が持つファレイ分数は$\frac{5}{13}=\frac{3}{8}\oplus\frac{2}{5}$であり、((3›2)›3)›(3>2)^2 のファレイ分数は$\frac{7}{18}=\frac{5}{13}\oplus\frac{2}{5}$である。

アンテナ

まっすぐに列をなすミニブロ

こぶ2に付いているニューロンは「アンテナ」とも呼ばれ、直線になっていることが特別である。すべてのニューロンと同様に（46ページ参照）、これもこぶ2に付いているだけでなく、こぶ2:2やこぶ2:2:2やこぶ2:2:2:2…に付いている。実際、次数が2である無限の数のこぶに付いているのだ。つまり、このニューロンに沿って、次数2のシナプスが無限な数だけある。そして、それらは次数が2であるゆえに絶対的に直線であり、従って感知できない。また、すべてのシナプスのペアの間にはミニブロがあるため、ミニブロも無限の数だけある。

大きなミニブロは詳しく調べるに値する。まず、多数の「毛」が生えているように見える（ミニブロに含まれる象やタツノオトシゴに似た形もすべて「毛」を持つ）。軸に沿って並ぶそれより小さいミニブロは炎のようなオーラに包まれており、軸上で最大のミニブロの尖った先端の近くにあるミニブロは激しく増殖するカリフラワーに包まれていて、そのカリフラワーの中にはこの上なく美しい「宝石」がある（下の画像はその一例）。マンデルブロ写像を探索するコンピュータープログラムを使ったことがない人は、今すぐ使ってみよう！

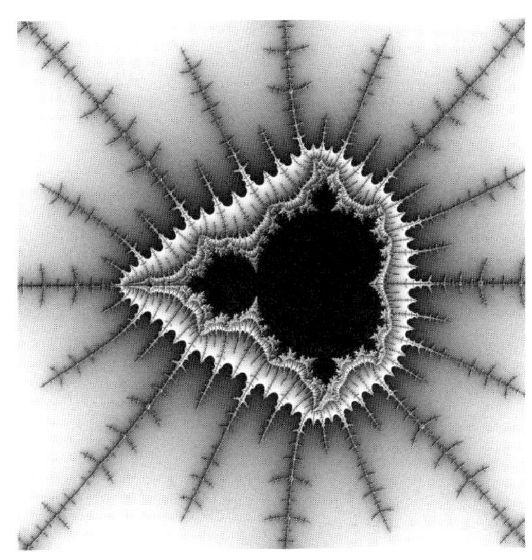

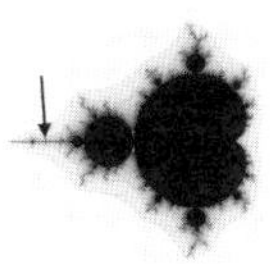

アンテナの途中にあるミニブロを拡大していくと、どんどん複雑な構造が現れる。このミニブロは16本の長いトゲを持つ。16本の短いトゲを持つものもあり、トゲ同士の間にはさらに小さいトゲがある。

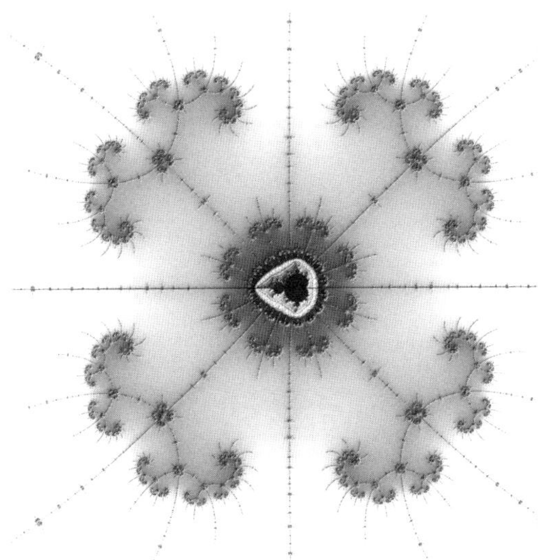

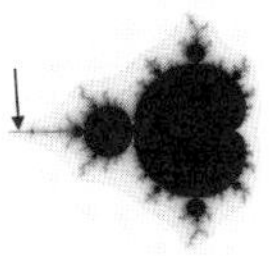

左：さらに倍率を上げると、ミニブロのトゲから長くて細い枝が伸びてくる。それらの分岐点の周囲には、さらに繊細で込み入った構造が現れる。

左ページ：軸上で最大のミニブロのうち1個の近くで見られる美しい宝石。

秩序とカオス

マンデルブロ写像では両者が統合されている

こぶ2に付いているニューロン(「アンテナ」)が特別なのにはもうひとつ理由がある。yの値がゼロなので、(x, y)を反復させる方程式が$x \rightarrow x^2 + p$(但しpはピクセルのx座標)に単純化されることだ。

pの値をいくつか選んで電卓で計算してみよう。$p = 1$ならばxは0から1へ跳び、次に2、5、26 …と進む。pがほとんどすべての正の値か-2未満の場合、xは無限へと跳び去っていく。しかしその間に位置する$p = -1$の場合、0は-1になり、次に0に戻ることを繰り返して2つの値の間で振動する。$p = -1.311$で試すと、4回反復した時に0に非常に近いところに戻るだろう。

右ページのグラフは、マンデルブロ写像との関係におけるxの挙動(縦軸)を示している。こぶ1の内部ではxは単一の値に行き着く。こぶ2、2:2、2:2:2 …と移動すると、xは2本、4本、8本、16本、32本、64本…の枝に——それぞれのこぶの周期性に従って——二股分岐する。しかし$p = -1.4011551890\cdots$(ニューロンが実際にスタートするファイゲンバウム点)に達すると、パターンのないカオスの領域に入る。

この場合や他のカオス的な二次系における二股分岐は、両隣との関連において一定の比率——ファイゲンバウム定数(約4.669201609)——に向かう傾向がある。下図の一連の拡大は、こぶ2、2:2、2:2:2にこの倍率を掛けると相対的なサイズが維持されることを示している。

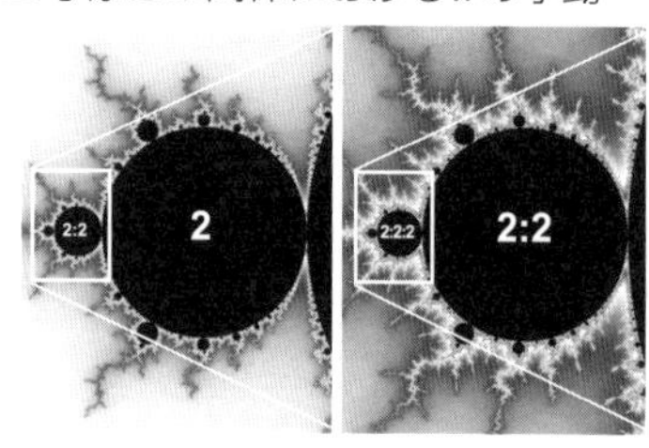

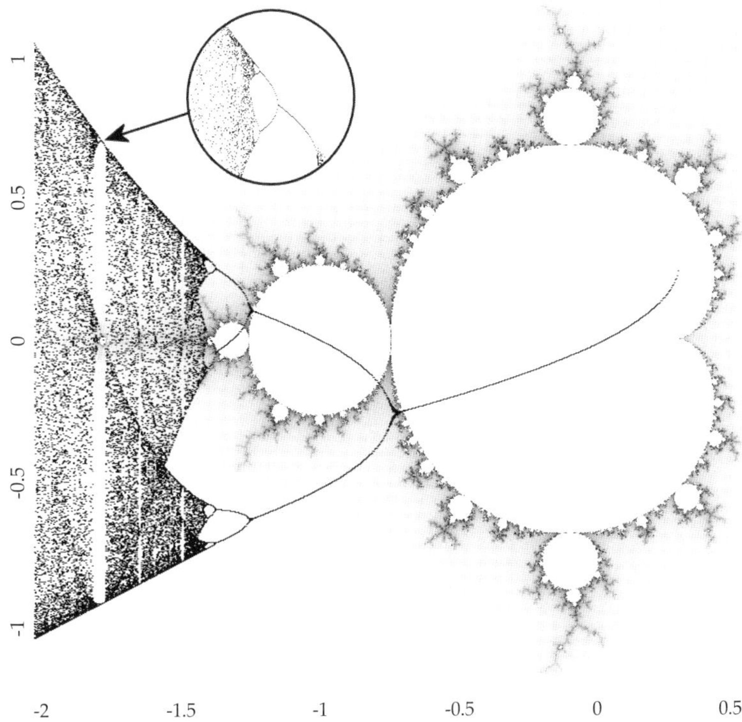

重ね合わせたこのグラフは、pが−2から0.25までのすべての値を取った時の $x \to x^2 + p$ におけるxの挙動（xを縦軸にプロット）を示す（最初の100回ほどの反復は無視されている）。円内に拡大した部分からは、この写像のフラクタル的性質がわかる。すべての「窓」が最後は二股分岐シーケンスで終わることに注目してほしい。カオス領域の内部では、$p < -1.4$の時に「窓」が正確に軸上のミニブロと対応する。例えば$p \fallingdotseq -1.7537$の時にxは3周期性を持ち、$p = -1.674$の付近ではxの周期性は7である。実際、アンテナに沿って、可能なあらゆる周期でミニブロを見つけることができるが、それらの間にはxがカオスになって決して反復しないような、固有のpの値が存在する——52ページで見た、次数2のシナプスである。

このグラフの全体的な形がロジスティック方程式のグラフ（25ページ）に似ているのは偶然ではない。なぜなら、どちらも2次関数だからだ。最大値または最小値を持つすべての関数は——sinやcosのような三角関数であっても——同じ二股分岐のシーケンスを生成する。

ニュートン・ラフソン・フラクタル

方程式の根(こん)を探る

興味深いフラクタルを生成する方法はエスケープタイムアルゴリズムだけではない。代数方程式の解を見つけるために使われるニュートン・ラフソン法に基づく方法も、ひとつの手だ。これは、解の見当を付けてから、その推量の精度がより高くなるようにアルゴリズムを反復適用する。

例えば、$x^2-4=0$ という方程式を解きたいなら、必要な方程式は $\frac{(x^2+4)}{2x}$ である(右ページ下を参照)。解は5の近くだとあたりをつけたとする。式に5を代入すると答えは2.9だ。今度は2.9を代入すると2.1が得られる。これを繰り返すごとに、正しい答え(もちろん2)に近づく。ただ、この方程式にはもうひとつ、-2という解もある。これを得るには、-5から出発しなければならない。最初の推測値が正なら計算を反復するうちに2に近づき、最初が負なら-2に近づくと思いがちだ(上の例では確かにそうだ)が、常にそうなるわけではない。面白いことに、こうした「吸引流域」同士の境界線がフラクタルになりうる。

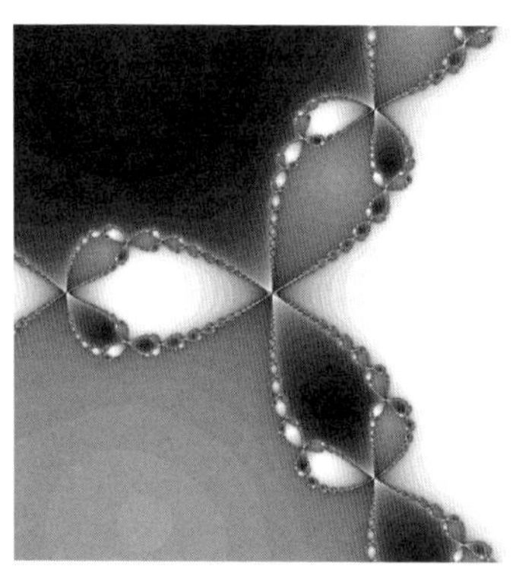

複素方程式$\boldsymbol{z}^3-1=0$には、$+1$, $\frac{-1+\sqrt{3}\boldsymbol{i}}{2}$, $\frac{-1-\sqrt{3}\boldsymbol{i}}{2}$ の3つの根がある。上述の方法で最後が$+1$になる出発点をすべて白で表し、$\frac{(-1+\sqrt{3}\boldsymbol{i})}{2}$ で終わる点を黒、$\frac{(-1-\sqrt{3}\boldsymbol{i})}{2}$で終わる点をグレーで表すと、左図のような3部分に分かれた画像が得られる。

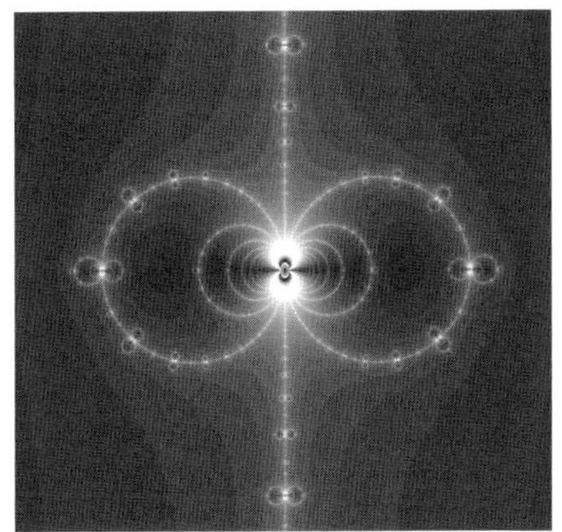

$z^3 + 1.5z^2 = 1$（細部）

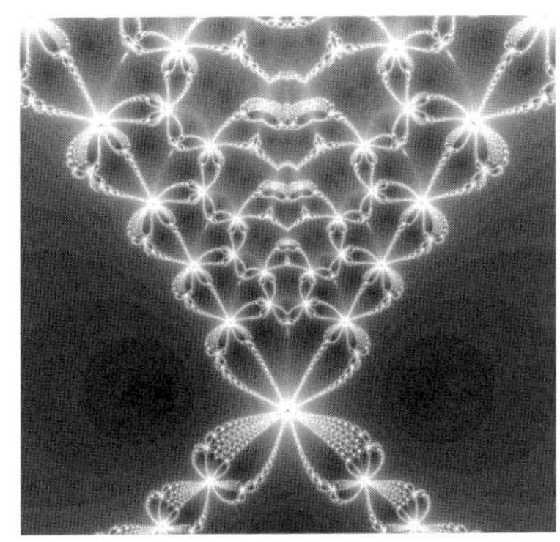

$z^{3.7} = 1$

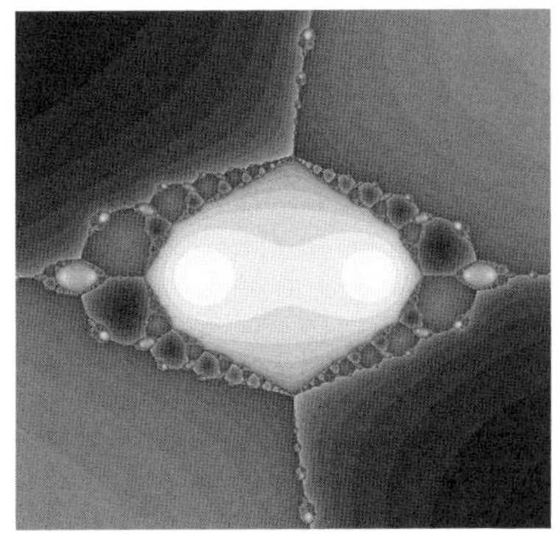

$\sin(z) = 0$

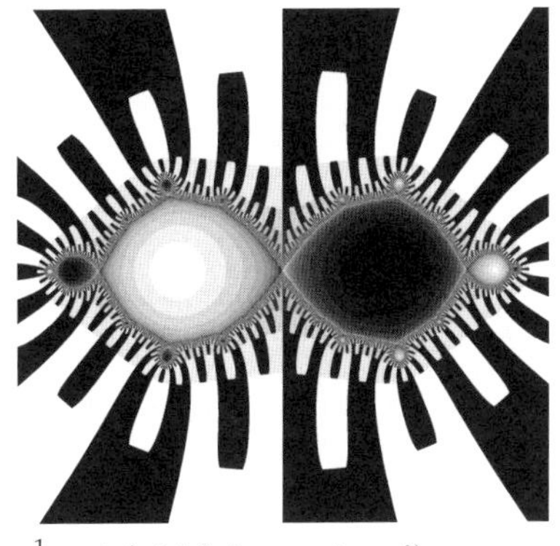

$\frac{1}{z^2} = 1$（バイナリーエスケープ）

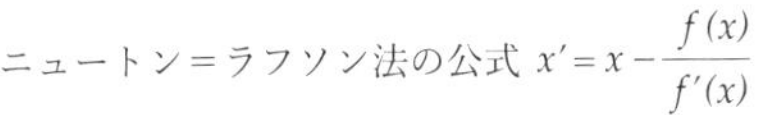

ニュートン＝ラフソン法の公式 $x' = x - \frac{f(x)}{f'(x)}$

$f(x)$ は解を求めたい関数であり、$f'(x)$ はこの関数の導関数である。従ってもしも $f(x) = x^2 - 4$ であれば $f'(x) = 2x$ となり、ここで用いなければならない公式は $x' = x - \frac{(x^2-4)}{2x} = \frac{(x^2+4)}{2x}$ である。

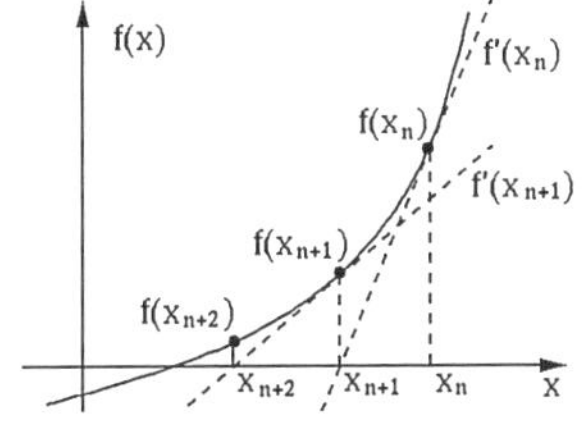

付録
フラクタルの数学

ハウスドルフ次元

あるフラクタルのQ倍大きなものを作るためにP個のコピーが要るならば、ハウスドルフ次元はn（但し$Q^n = P$）である。

この方程式をnについて解くには、両辺の対数を取る。すると
$n \log Q = \log P$、すなわち
$n = \frac{\log P}{\log Q}$ である。

例えばコッホ曲線（P＝4、Q＝3）のハウスドルフ次元を計算するには、計算機で [log] [4] [÷] [log] [3] [=] の順にボタンを押すか、自然対数 [ln] を使うかすればよい。どちらでも答えは同じだ！

複素数

xy平面上の任意の点 (x, y) は、複素数として2通りに表すことができる。$\boldsymbol{z} = (x + y\boldsymbol{i})$ または $\boldsymbol{z} = re^{\boldsymbol{i}\theta}$である。但し $\boldsymbol{i}$は-1の平方根、rはその数の絶対値（原点からの距離）、θは偏角（原点を中心とするx軸正方向からの角度）である。

代数の通常のルールを使えば、$\boldsymbol{z}^2$ は $(x^2 - y^2 + 2xy\boldsymbol{i})$ または $r^2e^{2\boldsymbol{i}\theta}$ と書くことができる。後者を用いると、複素数の平方は絶対値（r）を2乗して偏角（θ）を2倍すると得られることがわかりやすい。

複素数の平方根を取るには、絶対値（r）の平方根を取り、偏角（θ）を2で割る。

マンデルブロ・アルゴリズム

マンデルブロ写像上の $\boldsymbol{p} = a + b\boldsymbol{i}$ におけるピクセルの色を決めるには、（$\boldsymbol{z} = 0$から出発して）点$\boldsymbol{z}$を2乗して$\boldsymbol{p}$を加える操作を繰り返す。

$$\boldsymbol{z} \rightarrow \boldsymbol{z}^2 + \boldsymbol{p}$$

複素数を2乗するには、実数部分と虚数部分を分けなければならない。そして、必要な変換は次のようなものである。

$$x \rightarrow x^2 - y^2 + a$$
$$y \rightarrow 2xy + b$$

マンデルブロ写像の信じられない精巧さのすべてが、たった2つのシンプルな方程式に含まれているとは、なんと不思議なことだろう！

もっと知りたい人のために

フラクタルとカオス理論に関する一番の入門書は、今もなおジェイムズ・グリックの『カオス——新しい科学をつくる』（大貫昌子訳、新潮社）である。

数学的な処理について詳しく知りたければ、パイトゲンとザウペ編の『フラクタル・イメージ——理論とプログラミング』（山口昌哉訳、シュプリンガー・フェアラーク東京）を読まれたい。

本書に掲載された素材の詳細は、www.jolinton.co.uk（著者のウェブサイト）の

The Mandelbrot Map と

Chaos and the Logistic Equation

を参照（いずれもダウンロード可能）。

〔訳者より〕

その他の日本語で読める参考文献として、マンデルブロ『フラクタル幾何学』（広中平祐訳、筑摩書房）、ファルコナー『フラクタル』（服部久美子訳、岩波書店）、高安秀樹『フラクタル』（朝倉書店）などもある。

著者●オリヴァー・リントン

イギリス在住。長年にわたってコンピューターと教育現場でのコンピューターの役割の研究を行ってきた。多くの分野にわたる著作がある。
http://www.jolinton.co.uk/

訳者●駒田曜（こまだ　よう）

訳書に『幾何学の不思議』『錯視芸術』『シンメトリー』『Q. E. D.』（本シリーズ）など。

フラクタル　混沌（こんとん）と秩序（ちつじょ）のあいだに生（う）まれる美（うつく）しい図形（ずけい）

2021年2月20日　第1版第1刷発行

著　者　オリヴァー・リントン
訳　者　駒田　曜
発行者　矢部敬一
発行所　株式会社 創元社
〈本　　社〉
〒541-0047 大阪市中央区淡路町4-3-6
TEL.06-6231-9010（代）　FAX.06-6233-3111（代）
〈東京支店〉
〒101-0051 東京都千代田区神田神保町1-2 田辺ビル
TEL.03-6811-0662（代）
https://www.sogensha.co.jp/
印刷所　図書印刷株式会社
装　丁　WOODEN BOOKS

ISBN978-4-422-21534-1　C0341